付立红/编著

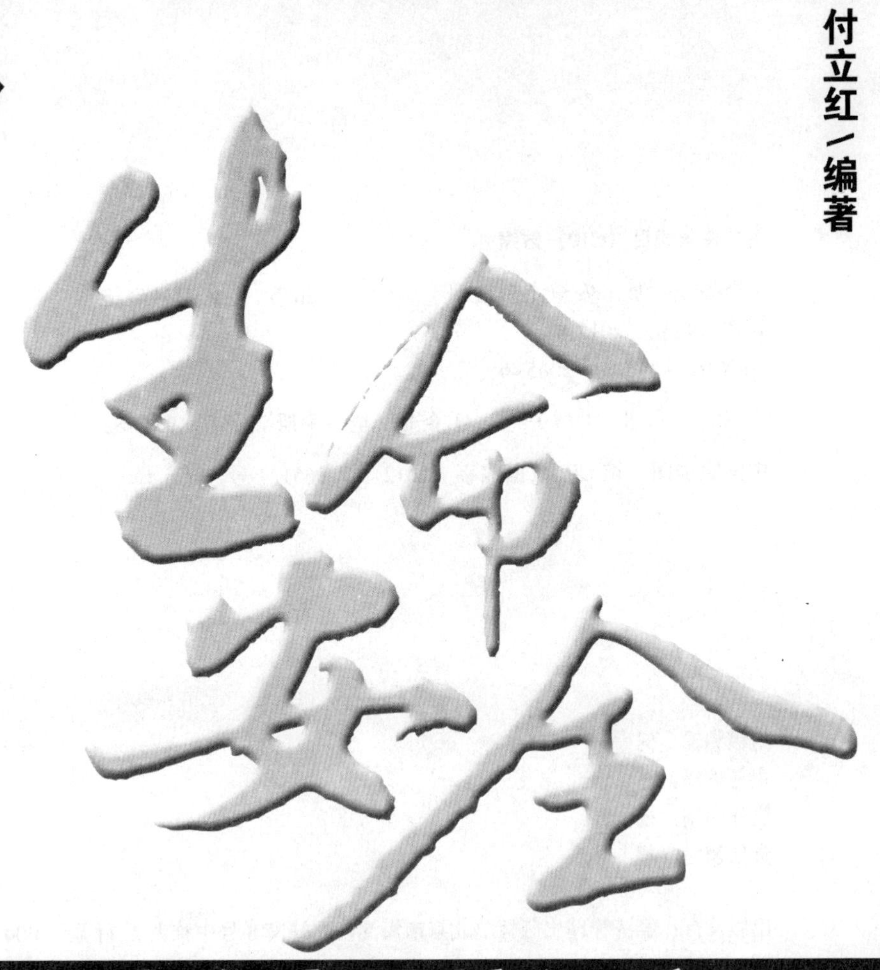

生命安全

员工安全意识培训手册

RESPECT FOR YOUR LIFE

A Guide for Work Safety

经济管理出版社
ECONOMY & MANAGEMENT PUBLISHING HOUSE

图书在版编目（CIP）数据

生命安全：员工安全意识培训手册/付立红编著. —北京：经济管理出版社，2012.8

ISBN 978-7-5096-2065-6

Ⅰ. ①生… Ⅱ. ①付… Ⅲ. ①企业安全—手册 Ⅳ. ①X931-62

中国版本图书馆 CIP 数据核字（2012）第 165127 号

组稿编辑：何　蒂
责任编辑：孙　宇
责任印制：杨国强
责任校对：超　凡

出版发行：经济管理出版社（北京市海淀区北蜂窝 8 号中雅大厦 11 层　100038）
网　　址：www. E-mp. com. cn
电　　话：(010) 51915602
印　　刷：三河市延风印装厂
经　　销：新华书店
开　　本：720mm × 1000mm/16
印　　张：13.25
字　　数：201 千字
版　　次：2012 年 8 月第 1 版　2014 年 4 月第 5 次印刷
书　　号：ISBN 978-7-5096-2065-6
定　　价：29.80 元

目录

第一章 谁将伤害你？

大量事实表明，意识淡薄和愚昧无知正成为引发事故的重要原因。一个烟头、一次打盹儿、一回脱岗、一个指头摁错了开关，都可能酿成惊天大祸。

在企业的各项管理中，人是最活跃的因素，也是最大的安全隐患，因此，只有切实解决人的隐患，实施主动安全，才能真正确保安全管理长效机制的运行。提高人的安全意识，才能决定人在工作中的行为习惯，我们要用良好的安全意识来掌控自己的命运！做好安全工作的人，才是最可爱的人。

第一节　人是最大的安全隐患

在企业的各项管理中，人是最活跃的因素，也是最大的安全隐患，只有切实解决人的隐患，实施主动安全，才能真正确保安全管理长效机制的运行。

安全生产，是“人”的工作，是一项复杂而艰巨的系统工作。制度要作用于人，必须形成一套法制、体制和机制相互结合的体系，是法律、经济和行政等多项手段的综合运用。安全生产的制度保证，容纳法律法规、行业标准的建设，监管体制、应急救援体制的完善，以及一系列有利于安全生产的政策措施的推广实施等诸多方面。因此，生产经营单位从主要负责人到所有从业人员都必须按照安全组织管理制度的规定，进行生产和工作。

新“岳母刺字”

随着社会化大生产的不断发展，劳动者在生产经营活动中的地位不断提高，人的生命价值也越来越受到重视。在新中国成立以后相当长的一个时期里，安全生产被视为生产的一部分，强调“安全为了生产，生产必须安全”。在向社会主义市场经济转变后，安全生产工作曾被作为政府“市场监管”或“社会管理”职能之一。党的十六大以后，尤其是十六届三中、四中、五中全会以来，安全生产被视为事关“实现好、维护好、发展好”最广大人民的根本利益的头等大事，被不断予以加强。“以人为本、关爱生命”是科学发展观的重要内容。安全生产的出发点着眼于人，把以人为本和经济社会全面、协调、可持续发展统一起来，旨在保护劳动者的生命安全和健康，集中体现了社会主义的本质特征；“以人为本、关爱生命”是科学发展观不可缺少的重要组成部分，因为抓安全就是抓效益，抓安全就是保护生产力，抓安全就是抓发展。

人是企业财富的创造者，是企业发展的动力和源泉。只有高素质的人才、高质量的管理、切合企业实际的经营战略，才能在激烈的市场竞争中立于不败之地。因此，企业安全管理，要在提高人的素质上下工夫。近年来，农村劳动力大量转移，进入矿山、建筑等高风险、重体力劳动行业和领域。3000多万建筑工人中，八成左右为农民工。据统计，在农民工中，文盲与半文盲占7%，小学文化占29%，高中以上仅占13%。大量事实表明，意识淡薄和愚昧无知正成为引发事故的重要原因。一个烟头，一次打盹儿，一回脱岗，一个指头摁错了开关，都可能酿成惊天大祸。有调查表明，90%以上的事故都是由违章指挥、违规作业和违反劳动纪律引发的。因此，加强安全生产培训教育，作为加大安全生产治理力度的一个重要方面，在国家的相关法律、法规和条例中都作了十分明确的规定。这就需要从思想上、心态上去宣传、教育、引导，树立正确的安全价值观，这是一个微妙而缓慢的心理过程，需要我们做艰苦细致的教育工作。提高“人”安全素质的最根本途径就是根据企业的特点，进行安全知识和技能教育、安全文化教育，以创造和建立保护“人”的身心安全的安全文化氛围为首要条件。同时，加强安全宣传，形成人人重视安全、人人为安全尽责的良好氛围。

与此同时，广大企业始终坚持把安全生产列为企业生产经营管理之首，始终坚持贯彻“安全第一，预防为主，综合治理”的思想，围绕“三全”(即：全员管理、全过程控制、全方位预防）和“三个标准化”（管理标准化、现场标准化、操作标准化）的管理方式，通过组织开展安全宣传教育培训和各类安全生产竞赛，深入推广安全生产标准化建设，强化现场安全检查和危险作业审批监护，营造了一个良好的企业安全文化氛围，基本实现了全体员工从“要我安全”到“我要安全”和“我会安全”的转变，有效地减少和杜绝了各类安全事故的发生。

综观世界工业化发展的历史，人均 GDP 在 1000~3000 美元之间，往往是社会问题的凸显期，也是生产安全事故的易发期。而我国刚好处在这一时期。随着科学发展观的深入贯彻，党的十六届五中全会明确提出，要坚持“节约发展、清洁发展、安全发展”，把“安全发展”作为一个重要理念纳入我国社会主义现代化建设的总体战略。事故和灾害是危害人的生命和健康的大敌，只有减少或消除事故和灾害，保护劳动者的身体健康和安全，才能为发展生产作出贡献，所以安全生产关系到人民的生命财产，关系到社会经济可持续发展战略，关系到社会和政治稳定。安全发展指导思想的提出，是对社会发展规律认识深化的产物，将会使安全生产提升到一个新的高度。

近年来，《安全生产法》、《建设工程安全生产管理条例》、《职业病防治法》、《工伤保险条例》、《特种设备安全监察条例》、《国务院关于进一步加强安全生产工作的决定》等一系列法律法规的颁布，强化了企业安全生产管理工作的力度。逐步树立了“人是最大的安全隐患”观念，使安全工作从防范工伤事故为主向全面做好职业健康安全工作转变，充分体现了对员工生命价值的尊重，促进了员工自身价值提升的实现。如果从业人员具有强烈的安全意识，掌握了过硬的安全技能，他就会在工作和生活中自觉不自觉地去影响和带动同事、家人、朋友，共同关注安全，关爱生命，遵章守纪。“我要安全、我会安全”的涓涓细流，终将汇成“以人为本、关爱生命”的滚滚洪流。

第二节　你真的有安全意识吗?

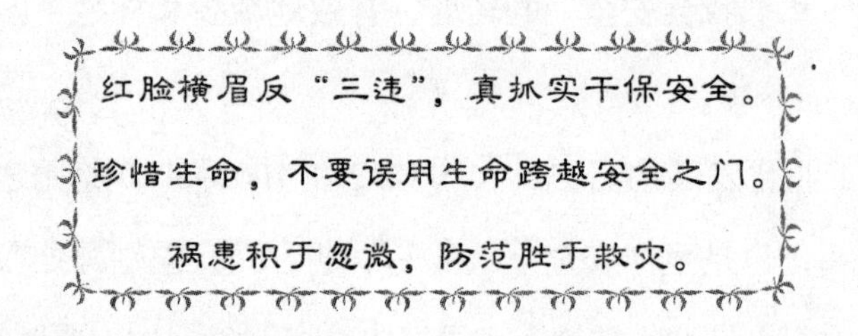

所谓安全意识，就是人们头脑中建立起来的生产必须安全的观念，也就是人们在生产活动中各种各样有可能对自己或他人造成伤害的外在环境条件的一种戒备和警觉的心理状态。

从温暖的家庭到工作单位，在这个家中你是力量的源泉，这个生你养你的家庭对你寄托很大的希望，妻儿对你有着较大的依赖和托付，你可能是家中天、家中顶梁柱，在单位，你可能是生产能手、专业技术人员，是企业的宝贵财富，从这一点我们要意识到自己的生命比什么都宝贵，金贵银贵生命最贵，千好万好安全最好，要知道安全不仅是为了你自己，而是为了这个家，同时也是为了这个企业，要求每位员工不仅要有强烈的安全第一态度，还要有熟练的安全技能及专业知识。缺乏安全意识引发的事故在生产生活中实在是太多。

2011 年，在某水泥厂，一个巡检工正夜班当值，机械设备电收尘堵料，机

隐患猛于虎

修人员迅速地拆开电收尘下端运料链运机外板，滚烫的黄色料灰像决堤的河水一样瞬间铺满了整个平台，大伙慌忙四下散开，一名当班员工却在这时拿着一把铁锹跑了过去，准备将料灰堵住的切口铲开，可当料灰漫过他的双脚时，只听一声惨叫。那时，巡检工正站在离他不足 5 米的地方，可要救他已是不可能了，当他自己强忍着钻心的痛走出来后，大家马上查看他的伤势，发现他的双脚表层皮肤已经干瘪，就好像缺了水的树皮一样，他痛苦的呻吟牵动着在场的每一个同事的心。那一刻，人们在想到底是什么让他如此莽撞，急于表现呢？这一生他还能像以前那样活蹦乱跳吗？

正是因为缺乏安全意识才酿成了这场悲剧。哪一个家庭不愿意幸福美满，哪一个企业不愿意兴旺发达，繁荣昌盛？从自己懂事以来，父母就时不时地在耳边提醒自己，多注意安全。“人的生命只有一次，失去了，就再也没有机会享受明天的阳光”。自己出去工作，父母送自己的一句永记的话，就是经常在我们耳边提醒自己的“注意安全”。

从事工作，首先要进行安全培训。安全第一，防御为主。

2012 年 5 月 28 日下午 5 时许，宝安区西乡银田工业区内一家公司发生盐酸气体泄漏事故，消防等部门紧急处置，至晚上8点多处理完毕，有5名工人因吸入刺激气体身体不适入院治疗。

发生事故的金脑电子（深圳）有限公司，员工在厂区四周闻到刺鼻的气味，稍后便感觉不适。事发后，抢险队员佩戴防护装备进入事故现场查看，得知事故是由于工人操作失误，误将氯化铵、氯化钠加入盐酸中，发生化学反应后产生有毒气体；工厂员工已疏散。事故发生后，有5名工人因吸入挥发的气体身体感觉不适而自行前往医院治疗，周围群众的正常生活也受到影响。

某公司机修车间大修工段镗工张某，在镗床上加工零件，挂上自动进刀后就背向工件，不慎将身体倾靠在工件上，衣服被旋转的固定刀杆的外露螺钉绞住，将身体绞倒，脊椎骨折，被邻近操作者发现，送医院抢救无效死亡。

固定刀杆的螺钉原是内六角螺钉，后因丢失，张某用长约40毫米的外六角螺钉代用，致使螺钉外露30毫米，并随轴转动，致使操作时螺钉挂住衣服，造成死亡。镗床刀杆旋转速度较慢，旋转幅度较大，可以产生较大的力矩。因此，有些人看到刀杆旋转较慢，产生麻痹思想，不注意安全操作，分散精力，造成惨祸。

注意安全要从以下几个方面入手：①专心，学一行，专一行，爱一行，工作的时候就应该专心工作，不要想工作以外的事情；②细心，不管是长年在干的，还是第一次接触的工作，都不得有一点儿马虎；③虚心，一部分安全事故就是因为一些人胆子太大，一知半解，不懂装懂，不顾后果，冒险硬干；④责任心，要树立“厂兴我荣，厂衰我耻”的精神，立足岗位，爱岗敬业，做到不违章违规，在安全生产工作中切实做到“严”、“细”、“实”。通过平时的实际工作不断提高自己的技术水平和综合素质，提高实际操作能力和处理事故的能力。只有这样，在工作中才能做到次次都是100分。

“前车之鉴，后事之师”。安全工作只有起点，没有终点。听不进“安全第一”的劝告，是耳朵的幼稚；不懂得“防范胜于救灾、责任重于泰山”，是心灵的幼稚；不深入生产一线，查找排除各种安全隐患，是行为的幼稚。

安全跟随着我们的分分秒秒，工作中我们不能出一点儿差错。为了家庭的幸福美满、企业的兴旺发达，我们应时刻将“安全第一，防御为主”牢记心中。

第三节 你真的把安全放第一位了吗?

生命是美丽的，安全是神圣的。

愚者用鲜血换取教训，智者用教训避免事故。

安全——幸福的基石。工作中能做好安全的人，生活中才是最幸福的人。

荷兰是世界上发生车祸最少的国家，发生车祸的几率仅为发展中国家的1/10、发达国家的1/3。社会学家经过深入研究发现，荷兰车祸低的真正原因是“爱”的培训。一个驾照申请人在通过所有的考试和培训后，必须看完一部纪录片，片中有对车祸的直观描述，比如车祸发生后的惨状，亲人、朋友为失去生命的人悲痛欲绝；更有对车祸数据的统计，因为车祸给多少家庭带来灾难，给社会带来多少沉重负担……之后申请人要做一些题目来测试其对纪录片的熟悉程度。只有顺利通过这一关，才能拿到驾照。

当社会学家把这项研究结果公布之后，“爱”的培训引起了人们的关注。后来，欧洲很多国家引进了“爱”的培训，车祸率大幅度降低。其实，严格的考试仅仅是培训人们的技能，只有爱，才会让人们把车祸的危害真正记在心中。

对企业而言，“爱”来自方方面面。它来自管理层的关注，在关乎员工的利益上，多关心，多做事，让员工无后顾之忧，心情愉悦。它来自同事间的互助，彼此多注意对方的安全小事和细节，多去查找和发现隐患和苗头，对自己负责，对同伴负责，形成一种安全“合力”，从而共同受益。

爱亦是多样的。它是扑面而来的亲情春风，比如一张全家福、一条安全短信，时时提醒员工承载着父母妻儿的希望；也是事故现场的冰冷回放，以“身临其境”的触动，让员工铭记事故残酷的一面。

爱，是点亮安全的灯塔，在任何时候都不应忘却。以爱为名，把家人放在心里，让员工发自内心地自觉遵守各项规章制度；以爱为名，引发心灵的震撼，让员工在工作中如履薄冰，不因一时的疏忽，使一切美好都成为泡影。

1917 年，英国成立了“安全第一协会”。

1949 年 11 月，新中国召开了第一届煤矿会议，会议中提出：“在员工中开展安全教育，树立安全第一的思想，尽可能防止重大事故的发生，做到安全生产。”

“安全第一”是人类社会一切活动的最高准则。

生命至高无上，“以人为本，关爱生命”这一理念，已多次作为我国安全生产活动的主题，尊重生命健康的权利，体现的是人权、人本、人性。

“不要让企业出事，不要让员工出事”是企业最大的利润。怕死才是好员工，“士兵不能怕死，员工一定要怕死”，科学的安全管理要让企业的员工明白敬畏，知道害怕，有了安全，我们才能以休闲的心情低声吟唱“采菊东篱下，悠然见南山”；有了安全，我们才能以坚定的意志，放声高歌“长风破浪会有时，直挂云帆济沧海”；有了安全，我们的单位才能像三春的桃李红红火火。

安全靠什么？安全靠责任心。在上班的每时、每分里，安全隐患随时都像凶残的野兽张着血盆大口，盯着我们脆弱的肉体，麻痹我们的神经。只有强化安全意识，增强责任心，安全生产才能有保障。只有增强责任心，安全才有保障，生命才会美丽。

安全靠人，人必须有一定的安全素质，即道德修养、责任心、业务技能、健康的身体等；安全靠单位领导的高度重视，舍得投入，提供良好的工作环境；安全靠制度，用科学的制度规范员工的行为；安全靠机制，建立健全奖惩机制，逐级落实安全责任；安全靠管理，建立安全管理体系，重视过程控制，实现规范化管理。安全是一个系统工程，必须常抓不懈。

当你对别人的提醒与忠告不以为然的时候，你又怎能想到，一时的疏忽，一次小小的失误都将给你个人带来痛苦、给家庭蒙上阴影、给社会带来负担、给国家造成损失！警惕与安全共存，麻痹与事故相连！

血的代价和铁的事实都告诉我们，形式主义、官僚主义和主观主义是我们的天敌。我们要始终坚持“安全第一，预防为主”，认真组织排查和消除事故隐患，针对薄弱环节和突出问题做到警钟长鸣、常抓不懈，把安全措施和安全责任逐一落实到实处，横向到边，纵向到底，不留死角，确保不发生安全生产事故，只有这样，才能消灭责任落实的真空，保证安全生产责任落实到位。

如果每个人都做到爱岗敬业，忠于职守，牢固树立安全意识，就能把好安全关。“安全责任，重于泰山”这个责任，不仅仅关系着我们的单位，更与我们自己息息相关！我们要知道，没有安全，单位就谈不上发展；没有安全，也谈不上我们个人的生存；没有安全，我们的幸福、我们的未来又从何而来呢？为了我们的集体，为了我们的家庭，为了我们自己，请把安全思想牢牢树立。

古语讲：“却是平流无石处，时时闻说有沉沦。”越是岁末年初，安全责任越重大，越是安全的时候，就越要抓安全。“木桶原理”、“海恩法则”和“温水煮蛙”理论都告诉我们，安全生产只有起点，没有终点，任何时候都不能放松安全生产这根弦。

患生于所忽，祸起于细微。安全重在抓住关键，找准薄弱环节，加强现场安全的细节管理。抓住现场安全细节管理，就是抓住了安全生产管理的关键。事实证明，许多大的事故均缘于最细小的差错。只有坚决消除现场安全管理工作中的麻痹、懈怠和侥幸思想，重视细节管理，防止员工思想意识上对细节的轻视和大意，以及实际操作中对现场细节的简化和疏漏，才能从根本上杜绝不安全事故的发生。

对于企业如何在开局之初起好步，如何使安全生产为经营管理保驾护航，应从以下几方面加以落实：

首先，要加强各级管理人员的岗位技能培训工作，提高管理水平和工作能力，强化岗位责任制的落实，促进安全生产监督管理的制度化、规范化、科学化，同时岗位技能培训要因人而异，据事实而定，不能实行“一揽子”工程。

其次，要深入细致落实各项保证安全的工作措施，在全单位范围内开展全方位的安全检查。同时要有针对性地开展专项检查，通过专项检查消除局部安全隐患，达到确保整体安全的目的。

最后，要抓好重大危险源监督管理、安全设施标准化的落实工作，从管理上杜绝事故的发生。同时要依据“四不放过”的原则，切实开展小事件分析，以小见大，抓好安全设施标准化，提高安全生产工作的管理水平。

只有绷紧弦、筑好堤、尽到责，从年初开始就抓安全不放松，以落实措施、消除隐患为重点，做到防微杜渐，警钟长鸣，才能全力确保企业的安全生产，才能使企业的管理水平再上新台阶，才能实现全年的各项奋斗目标。

第四节　有多少生命可以重来?

抓住安全关，把握生命线。

我不伤害他人，我不伤害自己，我不被人伤害。

如果不确立生命至上的观念，就不会达到安全第一的目的。

子在川上曰，逝者如斯夫，不舍昼夜。恒河沙数，“一沙一世界”，万绿丛中，“一叶一菩提”。生命的孕育如音如练，引出一段段诱人的掌故，十月怀胎一朝分娩，在婴儿降生的一刹那，无尽的喜悦和慈爱悄悄挂上母亲的眉间。世界上有哪一种声音能比婴儿出生的第一声啼哭更动人心弦？又有哪一种痛苦能比失去亲人更悲痛欲绝？生命为着美好的梦想而来，空囊而去；啼哭而生，悲泣而死，生死轮回，周而复始，生生不息。时间牧师，祈祷你初生，又哀悼你飘逝，一样的静穆，一样的神圣，竟是两个截然不同的世界。极目旷野，生命犹如银河陨落的流星，惊鸿一瞥，短暂而又美丽。

春华秋实，人间百态，为了大地的未来，土是祭品；为了太阳的未来，火是祭品；为了海洋的未来，水是祭品；为了生命的未来，生命是祭品。战争、地震、空难、病魔、中毒等灭顶之灾无情地吞噬了成千上万条无辜的生命，生命的河流仍源源流长，让田野阡陌纵横，麦穗新秀，蚕豆花开，朝阳夕照，清风弄影，飞云流霞，春光明媚。浩渺无边的时间，默默地记载钟灵毓秀的生命诗篇。

一个犹太人的孩子问母亲："如果家中着了大火，我该抢救什么呢？"母亲回道："最重要的是你要能把自已的智慧抢救出来，其他的一切都是不重要的。"一件事做错了，可以重做，一件东西丢了，可以重买，而每个人的生命只有一次，失去了便再也无法回来。今夕何夕，试问有多少生命可以重来？珍惜生命，把握现在，快快乐乐过好我们生命的每一天，把泪留给大海，把风留给海上的帆，这样的警示人人皆知。在安全管理工作中，任何时候，任何情况下从来没有大事小事之分，都不能有麻痹大意的思想意识存在。为了安全生产，就要让所有员工明白：一万次并不可怕，怕的是万分之一次，哪怕一次疏忽大意，哪怕一次违章违纪，都可能会让 9999 次的努力付诸东流，让你前功尽弃，能使一生平安的愿望化为泡影，离你而去。

安全预防工作无小事，凡涉及安全预防工作方面的问题，从上到下所有人员都要有责任感、危机感，盲目乐观不行，拖拉疲沓更要不得。一万次多么艰难，而一次又是那么轻松、那么容易，有多少前车之鉴，有多少鲜血淋漓，一次又一次的刻骨铭心，一次又一次的不寒而栗。所以，我们在做好各项工作的同时，更要把安全生产时刻放在保持高度警惕之中，彻底摒弃侥幸心理。

"不怕一万，就怕万一"，这是一条饱含唯物辩证法思想的安全准则。我们要做好“一万”次安全教育、安全活动、安全措施的同时，也要经常在平时学习当中，有针对性地开展安全事故预想、反事故演习，预备好“万一”出现事故的处理方法和应急措施。为了消灭这一次，为了根除这“万一”，我们必须一万次提高警惕，一万次不遗余力，把岁月的每时每刻都打造成安全的坚固堤坝；将生命的每分每秒都熔铸为安全的铜墙铁壁，即使事故“万一”如洪水猛兽，在安全“一万”面前也不过如苍蝇碰壁，一败涂地。这样，我们靠“一万”的坚韧顽强，彻底堵死“万一”的可乘之机。我们要有抓好“一万”，也抓“万一”的思想意识，我们的安全生产才能有备无患。

在非洲的草原上，有一种不起眼的动物，叫吸血蝙蝠。这种蝙蝠身体极小，却是斑马的天敌。顾名思义，吸血蝙蝠是靠吸取动物的血得以生存，它们在攻击斑马时，常常附在斑马的腿上，用锋利的牙齿刺破斑马的毛皮，然后用尖尖的嘴去吸血。斑马恨透了蝙蝠，想尽一切办法要把蝙蝠除掉，但是无论斑马怎么蹦跳、狂奔，都无法驱逐它们。相反，蝙蝠则可以从容地吸附在斑马身上的任何地方，直到吸饱吸足，才满意地飞走。最后，蹦跳嘶啸的斑马便暴毙身亡了。动物学家在对这些死去的斑马进行检测时发现，一只吸血蝙蝠所吸的血量是微不足道的，远远不会让斑马死去，斑马真正的死因是因为暴怒和筋疲力尽。这些顽强的斑马，曾挺过了难挨的干旱，战胜了致命的天敌，最终却倒在了一只小蝙蝠面前。

从斑马的致命弱点想到了安全生产，有许多规章制度都是用生命和鲜血写成的，可有些职工却忽略了一些安全生产中的小细节。比如施工作业现场，不按照规章制度办事，不按照程序操作，简化作业程序，违章蛮干时有发生。对于一些小违章、小违纪的现象，长时间地做惯了、看惯了、习惯了，最终导致同类型事故屡禁不止、重复发生，使国家、企业和人民的生命财产蒙受巨大的损失。

众多的事故隐患告诉我们，在细微处麻痹松懈、心存侥幸，就常常会被置于不安全的、暗藏玄机的危险境地。而斑马的悲剧，也在人类的世界不断重演着，人们总能经受住大的灾难和打击，却往往在一点小困难面前一败涂地。

因此，安全生产就要从“细节”做起，这既是对自己负责，也是对家庭、企业、社会负责。良好的安全工作局面要靠每一名员工来创造和维护，只有培养员工的良好工作习惯，做到人人想着安全、重视安全，处处注意安全，大家形成合力保安全，那么企业安全生产才能良性循环。

在生产过程中，责任最大的莫过于安全。对于安全工作，我们可以说是天天讲，时时抓，讲得口干舌燥，抓得紧如弦绷，安全措施层出不穷。但是，尚有部分职工，时有违反安全操作规程和管理规定，未认真做好现场安全确认就莽撞蛮干，不重视安全防范，安全互保联保不到位等，酿造出一些本不应该发生的事故。因此，要从根本上杜绝安全事故，必须坐下来谈谈“安全为了谁”的道理，必须人人树立“抓好安全为自己，自己的安全自己管，依靠别人不保险”思想。

奋斗须有目标，工作要有方向。弄清抓好安全归根结底“为了谁”的问题，首先要明确思路，正确辨析安全与生产、安全与效益、安全与幸福、无情与有情的关系，算好经济、社会、政治、生命、家庭“五笔账”，牢记安全就是信誉，安全就是财富，安全就是效益，安全就是生命的道理。一个人只有充分地尊重、关爱自己的生命，才能也才会去关爱别人，正如一位哲人说过，要想播撒阳光到别人心里，自己心里首先要有阳光。珍惜自己的生命就是珍惜美好的家庭，就是维护家人的幸福与安宁，因为我们的生命只有一次，而且不仅仅属于自己。

自己的安全自己管就得提高安全理论知识，掌握娴熟的操作技能，增强自主保安意识，加强工作中密切配合的本领，丰富理论知识，养成绝不违章的良好习惯。

目前我们的自动化程度还不高，人为因素多，生产作业环境变化快，要实现生产行为安全和设备运转安全，就要熟知作业现场条件和设备性能，“知己知彼，百战不殆”，才能有分析问题、解决问题的能力，只有参加安全知识培训，熟知安全知识，才能够辨识风险，增强预防事故的能力和自觉性。没有充分的知识准备就会失去保障安全生产的根基。

第一，娴熟的操作技能。娴熟的操作技能是生产过程安全的保证。什么是安全生产呢？所谓安全生产就是通过人、机、环境的和谐运作，使生产活动中危及生产作业者生命和身体健康的各种事物风险及伤害因素始终处于有效的控制状态。娴熟的操作技能就是掌握控制方法最实效的措施。掌握娴熟的技能，就要理论结合实践，在生产中“勤学、好问、精思、多跑、善看”，锻炼出辨析事故的能力、预防隐患的技术、躲避灾害的本领、自救互救的水平。

第二，工作中密切配合的本领。生产过程是一个相互关联、需要密切协作的群体劳动、系统运转的过程，只有每一部分、每个员工的操作都万无一失，才能实现整体上的安全平稳。生产作业的过程是共同协作生产的过程。有人曾经把安全生产的过程比喻成洗澡。人人都需要洗澡，人人都有看不见的灰尘，人人都有够不到的地方，这就需要你我相互搓背。安全生产过程中需要你给我提个醒，我给你提个醒。一句话可能挽救一条生命，一句话可能避免一次事故。互保联保、密切配合就是创造本质安全环境的重要手段。

第三，绝不违章的习惯。违章不一定导致事故，但出现事故就一定有违章现象存在。许多事故教训警示我们，每一名生产作业人员都要充分认识到“三违”行为的严重性、危害性、传染性，要像防“非典”一样防止“三违”出现，在生产过程中要遵章作业、严守规程，养成良好的工作习惯，绝不违章。

安全监督检查的过程是个动态的过程，安全生产行为同样是个动态的过程。

全方位、全过程、全角度监督检查与跟防还是个正在努力的发展过程，实现也根本不可能，更多的是生产者自己在无监督的条件下工作，全方位跟踪的就是自己的“意识和责任”。靠谁都不保险，人人都有“惰性”，安全管理干部和监督检查人员是人，他们也有“惰性”，监督过程只是一个“经验判断行为”的过程，所以监督者很难准确判断你下一步行为倾向性，你的不安全行为和想法决定你下一步的生命存在的状态。

“抓好安全为自己，自己的安全自己管，依靠别人不保险”的理念告诉大家：安全掌握在自己手中！

第五节　领导干部安全意识知多少？

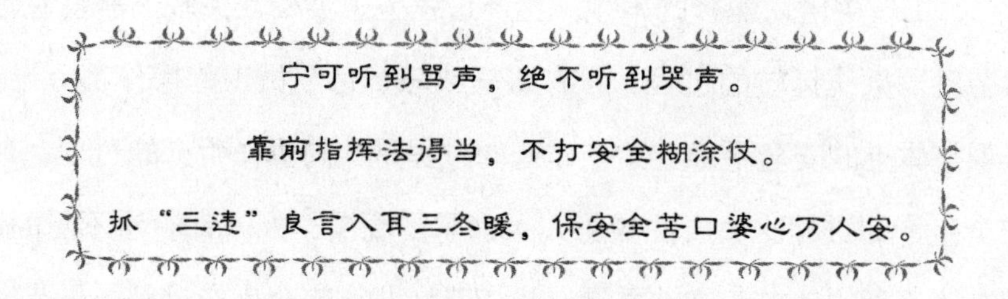

安全生产责任制是安全生产管理的一项基本制度。实践证明，一个单位若有一套严密科学的安全生产责任制体系，就能形成横向到边，纵向到底，事事有人负责，处处有人管理的安全管理网络。如若把安全生产责任制落到实处，这个单位的安全工作就有了可靠的保证。

落实安全生产责任制的根本，是解决各级安全生产管理人员对其重要地位和作用的认识问题，要让各级安全第一责任者认识到：安全生产责任制度是安全生产管理的最基本、最重要的管理制度，实行安全生产责任制，是落实安全生产第一责任者责任最基本最可靠的保证。实行安全生产责任制度，不仅是一项安全生产的管理制度和办法，而且也是对自己下属实行制度管理的一个最直接最有效的手段。

落实安全生产责任制关键是坚持严格考核。像任何其他责任制一样，如果仅仅是有制度而不严格地进行考核，这种制度既不可能得到认真贯彻落实，也不可能持久有效。考核工作决不能仅仅考核“出没出事故或死没死人”，更主要的应该考核每一个管理干部是否履行了职责、完成了规定工作任务情况。对好的要奖，对差的要罚。坚持下去，就一定会使认真履行安全生产责任制的人越来越多，就一定会使失职、渎职、混日子的人越来越少。

安全警钟坏不得

落实安全生产责任制，重要的是加强对管理者的日常管理。可以断言，凡发生事故都与不负责的管理者的失职、渎职行为有关。因此，我们必须对各级管理者既要明确责任，又要加强管理。这样才会使企业、区队的各级管理者有章可循，增强安全生产的责任感，自觉把分管的工作做实做好，也会使消极对待工作者、不负责任者、平庸无能者难以混日子。让责任制迫使各级管理者紧张起来，真正当一天和尚撞一天钟，而且要撞响，让“责任制考核”揭摆出那些“平庸无能的混世者”，最好请他们“下课”。让有能力、有责任心、有作为的好同志有机会“上岗”，只有这样，安全管理这套机制才会正常运转，安全管理才会严起来、细起来、实起来，我们的安全防线才会越筑越牢，确保企业长治久安、和谐发展。所以说，安全责任制不光要有，更重要的是要抓好落实。

一、领导干部安全生产责任认识存在的误区

1. 安全生产是生产领域的事、企业领导的事

一些党政领导干部对安全生产责任认识存在误区，认为安全生产是生产领域的事、企业领导的事，安全生产与安全生产责任追究与我无关。事实上，无论是从安全生产本质和安全司法解释出发，还是从我国安全生产监督管理现实出发，安全生产不只存在于生产领域，而是覆盖全社会，包括企业、事业和商业等服务性单位。如发生在校园的踩踏事件及央视大火等事故发生单位都不是企业，但其相关领导同样受到安全生产责任追究。

2. 安全生产只是一把手或分管安全生产领导的事

我国安全生产实行行政首长负责制，一旦发生生产安全事故，当地行政首长或分管安全生产的领导将首先被追究责任。因此，造成其他一些党政领导干部淡化了自身安全生产的责任意识，形成了在安全生产责任风险面前可以高枕无忧的错觉。但由于生产安全事故具有突发性，安全生产责任追究覆盖面广，所有与事故发生、发展有关人员，不管是负主要领导责任，还是负次要领导责任，都要依法受到追究。

3. 安全生产就是不出事故，不死人

安全生产内涵从人本的角度看，一是要人活着，二是要人健康地活着，而后者更具有现实意义。安全生产包括防止职业危害。卫生部公布的《2009 年全国职业病报告情况》显示，目前全国接触职业病危害因素的人超过 2 亿，居世界首位。涉及有毒有害品企业超过 1600 万家、30 多个行业。2009 年，全国新发各类职业病 18128 例，其中 80%是尘肺病，而患尘肺病渐进死亡的人数远远大于矿难。相较于生产事故导致的“红伤”，职业病这种“白伤”所带来的社会危害和政治影响更深远、更持久。

二、几点建议

1. 加强宣传和教育，积极倡导正确的安全生产及安全生产责任理念

一是从科学发展观和经济社会发展战略的高度来诠释解读安全生产，大力宣传安全生产，使安全生产管理工作不只是一种运动、一次战役，而是要形成长效机制。

二是通过宣传教育，培养领导干部安全生产的责任感、使命感，使广大领导干部认识到安全生产不只是生产领域的事，而是党委、政府和全社会的事，是党和政府各部门及各级领导干部的共同使命、共同责任。

三是通过宣传教育，使广大领导干部认识到安全生产包含职业卫生，不但要防止事故发生，还要防止职业病。

2. 充分发挥党校、行政学院等干部培训主渠道作用，加大领导干部安全生产培训工作力度

2006 年起，全国陆续开展了部分领导干部安全生产培训工作，收到了明显效果。但也存在一些不足，如目前领导干部安全生产培训多由政府部门来组织，对象只限于政府职能部门或主管安全生产的县处级领导干部，乡镇长和党政主要领导干部的安全生产培训还是空白。因此，应建立领导干部安全生产培训的长效机制。一是把安全生产培训纳入干部培训体系，制定相应的规定，使领导干部安全生产培训有章可循。二是把安全生产培训纳入党校、行政学院的培训课程，从体制、机制、培训时间和培训范围上，为领导干部安全生产培训提供组织和制度保证。

3. 严格执行安全生产问责制度

一是我国对各级政府实行安全生产目标责任制，安全生产被纳入对各级党政领导干部的考核范围，并实行一票否决制。要在以往成功经验的基础上，积

极探索奖惩并重的目标责任体系，科学、合理地确立考核指标，充分调动领导干部安全生产管理的积极性、主动性和创造性。

二是严格执行事故处理相关规定。一方面，对事故负有责任的领导干部，要从法纪、政纪、党纪方面坚决进行查处，不姑息、不迁就；另一方面，要认真落实事故调查处理结果，严格执行《关于执行党纪政纪处分决定的暂行办法》精神，使领导干部思想上有触动，认识上有提高，强化安全生产责任意识，增强事故风险防范能力。

第六节　事故，从何而来？

安全观念树立不牢，生产事故不会减少。

工作一马虎，就会出事故，经济受损失，个人受痛苦。

安全连着你我他，防范事故靠大家。

安全生产工作中影响事故的原因一般可归结为“人、机、环境、管理”四个主要因素，人是四个因素中的主导因素。人的安全行为很大意义上取决于人的安全意识，因而提高人的安全意识是抓好安全工作的关键。

美国安全工程师海因里希在 1931 年提出了著名的“安全金字塔”法则，它是通过分析 55 万起工伤事故的发生概率，为保险公司的经营提出的。该法则认为，在 1 个死亡重伤害事故背后，有 29 起轻伤害事故，29 起轻伤害事故背后，有 300 起无伤害虚惊事件，以及大量的不安全行为和不安全状态存在。

从海因里希“安全金字塔”塔底向上分析可以看出，若不对不安全行为和不安全状态进行有效控制，可能形成300起无伤害的虚惊事件，而这300起无伤害虚惊事件的控制失效，则可能出现29起轻伤害事故，直至最终导致死亡重伤害事故的出现。

海因里希“安全金字塔”揭示了一个十分重要事故预防原理：要预防死亡重伤害事故，必须预防轻伤害事故；预防轻伤害事故，必须预防无伤害无惊事故；预防无伤害无惊事故，必须消除日常不安全行为和不安全状态；而能否消除日常不安全行为和不安全状态，则取决于日常管理是否到位，也就是我们常说的细节管理，这是作为预防死亡重伤害事故的最重要的基础工作。现实中，我们就是要从细节管理入手，抓好日常安全管理工作，降低“安全金字塔”的最底层的不安全行为和不安全状态，从而实现企业当初设定的总体方针，预防重大事故的出现，实现全员安全。

在《环球时报》上曾经登载过一篇震撼人心的文章，大意是这样的：

巴西海顺远洋运输公司门前立着一块高5米、宽2米的石头，上面密密麻麻地刻满了葡萄牙语。以下就是石头上所刻文字的意思：

当巴西海顺远洋运输公司派出的救援船到达出事地点时，“环大西洋”号海轮消失了，21名船员不见了，海面上只有一个救生电台有节奏地发着求救的摩氏码。救援人员看着平静的大海发呆，谁也想不明白在这个海况极好的地方到底发生了什么，从而导致这条最先进的船沉没。这时有人发现电台下面绑着一个密封的瓶子，打开瓶子，里面有一张纸条，有 21 种笔迹，上面这样写着：

一水理查德：3 月 21 日，我在奥克兰港私自买了一个台灯，想给妻子写信时照明用。

二副瑟曼：我看见理查德拿着台灯回到船上，说了句这个台灯底座轻，船晃时别让它倒下来，但没有干涉。

三副帕蒂：3 月 21 日下午船离港，我发现救生筏施放器有问题，就将救生筏绑在架子上。

二水戴维斯：离港检查时，我发现水手区的闭门器损坏，用铁丝将门绑牢。

二管轮安特耳：我检查消防设施时，发现水手区的消防栓锈蚀，心想还有几天就到码头了，到时候再换。

船长麦凯姆：起航时，工作繁忙，没有看甲板部和轮机部的安全检查报告。

机匠丹尼尔：3 月 23 日上午理查德和苏勒的房间消防探头连续报警。我和瓦尔特进去后，未发现火苗，判定探头误报警，拆掉探头交给惠特曼，要求换新的。

机匠瓦尔特：我就是瓦尔特。

大管轮惠特曼：我说正忙着，等一会儿拿给你们。

服务生斯科尼：3 月 23 日 13 点到理查德房间找他，他不在，坐了一会儿，随手开了他的台灯。

大副克姆普：3 月 23 日 13 点半，带苏勒和罗伯特进行安全巡视，没有进理查德和苏勒的房间，说了句“你们的房间自己进去看看”。

一水苏勒：我笑了笑，也没有进房间，跟在克姆普后面。

一水罗伯特：我也没有进房间，跟在苏勒后面。

机电长科恩：3 月 23 日 14 点我发现跳闸了，因为这是以前也出现过的现象，没多想，就将闸合上，没有查明原因。

三管轮马辛：感到空气不好，先打电话到厨房，证明没有问题后，又让机舱打开通风阀。

大厨史若：我接马辛电话时，开玩笑说，我们在这里有什么问题？你还不来帮我们做饭？然后问乌苏拉："我们这里都安全吧？"

二厨乌苏拉：我回答，我也感觉空气不好，但觉得我们这里很安全，就继续做饭。

机匠努波：我接到马辛电话后，打开通风阀。

管事戴思蒙：14点半，我召集所有不在岗位的人到厨房帮忙做饭，晚上会餐。

医生莫里斯：我没有巡诊。

电工荷尔因：晚上我值班时跑进了餐厅。

最后是船长麦凯姆写的话：19点半发现火灾时，理查德和苏勒的房间已经烧穿，一切糟糕透了，我们没有办法控制火情，而且火越来越大，直到整条船上都是火。我们每个人都犯了一点点错误，但酿成了船毁人亡的大错。

看完这张绝笔纸条，救援人员谁也没说话，海面上死一样的寂静，大家仿佛清晰地看到了整个事故的过程。

后记：巴西海顺远洋运输公司的警示方式很有效，此后的40年，这个公司再没有发生一起海难。

读完这个故事，在沉重的叹息之后，获得的感悟是：

我们不难推断这个灾难是如何发生的：

台灯被理查德私自买回来后（按规定船上不能配备台灯，起因理查德违规），并没有人制止这件事，同事找他时又把台灯随手打开（同事间不但没有起到相互监督的作用，还推波助澜）。负责安全巡视的人漏掉了这个正在肇事的房间（好比是我们安全检查，没有完全查到位，留有死角）。实际上，由于底座太轻，开着的台灯在船只的颠簸中掉到了地上，在地毯上点燃了第一个火苗。然后，火苗慢慢地爬上桌腿、桌布、床单……房间过热，电路烧断，出现跳闸，电工却对这个重要的危险信号习以为常，问也不问就随手把闸合上（责任性不强，明知有问题，但没有查明问题，麻痹大意）。因为房间里的消防探头被拆掉了，新的尚未安装，所以无法报警，火苗静悄悄地肆虐着。焦煳的气味传了出来，三管轮闻到了，就直接打电话给厨房，厨房觉得没问题，却没有一个人追究不良气味从何而来。下午几乎所有的人员都离开岗位，去了厨房；晚上，医生放弃了日常的巡检，放弃了发现问题的一个机会，就连值班的电工也私自离岗！最后，当大火被发现，着火的房间已经被烧穿，水手区的门被绑死了，怎么也进不去，消防栓锈蚀打不开，无法灭火，闭门器和救生筏被牢牢绑住，无法逃生。而这些问题船长在此前根本没有发现，因为他没有看甲板部和轮机部的安全检查报告。

于是，"环大西洋"号就这样沉没了！

这个灾难难道就不能避免吗？事实上，完全可以避免！

我们可以假设：如果台灯没有被买回来；如果回船后使用台灯被人制止；如果服务生不随手扭开它的开关；如果安全巡视员亲自走进房间看看；如果电工在发现跳闸时检查一下电路，仔细找到跳闸的根源；如果机匠上午发现误报警后立刻安装上新的消防探头；如果发现气味不对的马辛自己查查；如果厨房仔细检查一下；如果管事注意督促人们应该时刻坚守岗位；如果医生晚上照常巡诊，走上一圈；如果出事时电工不私自离岗；如果锈蚀的消防栓在出海之前就被更新；如果闭门器及时修理，可以打开；如果救生筏没被绑住；如果船长认真审阅安全检查报告……哪怕只有一个人尽到了责任，那么这场灾难根本不会发生！然而，这只是假设，灾难还是发生了，教训惨重啊！

所以，我们必须赞同写在纸条上的话：“我们每个人都犯了一点点错误，但酿成了船毁人亡的大错。”

他们的小错误在于：

漠视纪律，违反规定；事不关己，高高挂起，错过把安全隐患消灭在萌芽之中的最佳机会；敷衍了事，甚至采取错误的处理方式；散漫拖延、心存侥幸；找借口，工作安排不力；对待工作没有负责到底的精神；偷懒、盲从、粗心大意、经验主义；道听途说，没有实地调查的精神；对待工作不严肃，没有安全意识；主观臆断、脱离岗位、分工混乱、严重渎职……

行文至此，你可能早已经发觉，其实这些船员的错误在我们日常工作中似乎随时可见。那么，你是不是在无意中也犯了这样那样的小错？你是不是也仿佛生活在这艘沉船上呢？技术先进，海况良好，这艘大船表面上是那么的安全，但是只要看看船员的小错误，我们就会强烈地感觉到：它危机四伏！我们完全可以说，灾难迟早都会发生！

第七节 防止和减少事故

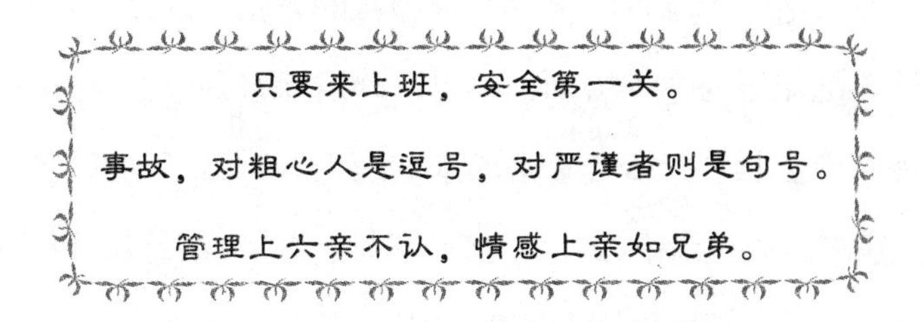

防止和减少事故是安全管理的核心内容和永恒的努力方向。随着现代工业的迅猛发展，科学技术的快速推进，事故管理必须与之相适应，在经验型管理

的基础上充分结合现代事故管理理论进行事故预防控制。只有这样，才能有效提升企业的安全管理水平，防范各类事故的发生。然而，在生产实践中，现代事故管理理论并没有被很好地运用，经验型管理还占主导地位，运用事故预防控制理论提高企业的安全管理水平大有必要。

在“安全第一，预防为主”的安全生产方针的指引下，广大安全工作者积极总结事故带给我们的经验教训，大胆探索研究新理论、新方法，几十年来，积累了大量事故预防控制经验，采取了不少新方法，也取得了不少新成果，但是，当前的事故预防控制工作还存在诸多不足之处。主要表现在：

（1）经验方法多，系统理论少；

（2）就事论事多，追根溯源少；

（3）经验说教多，理论推广少；

（4）一知半解多，深入理解少。

现代事故管理理论通过对事故发生的机理进行研究，从中找出规律性的东西，这是安全工作者进行事故管理的理论指导。只有以正确的理论做指导，才能实现科学高效的程序化控制。

首先，企业主管领导要予以高度重视，为理论的引进提供重要的决策支持和推进动力；其次，部门领导要采用多种形式进行理论的推广应用，如可以吸纳安全工程专业大学生，也可以采取厂校结合的方式，外送本企业在职安全人员到高校进行理论知识的系统培训，也可以外请专家到企业举办简单可行的安全培训班，传授与企业生产结合紧密的基本理论等。为了搞好理论与实践的有机结合，高效实用，采用走出去、请进来同时进行的方法是最为有效的。

事故发生的原因有直接原因和间接原因。直接原因不外乎人的不安全行为和物的不安全状态两种。不直接导致事故的发生，但能促使事故发生或增加其严重性的一些因素即间接原因，主要包括技术的原因、教育的原因、身体的原因、精神的原因、管理的原因。一般来说，调查事故发生的间接原因，不外乎是以上五种原因中的某一个或某两个以上的原因同时存在。但是，技术、教育、管理这三个原因是极其重要的事故原因，应着重抓住主要原因的事件或因素来排出隐患。

现代事故管理理论有的很简单，有的很复杂，但是无论简单还是复杂，都必须对其有一个正确的理解和灵活的应用；否则，就可能对简单的瞧不上，复杂的又搞不成。现代事故理论不能在生产实践中发挥其应有的作用，也就无异于纸上谈兵。为达到无伤害的目的，就要力求消灭所有的事故，如果不能从中认识到必须对所有的事故予以收集和研究，并采取相应的安全措施，预防事故的发生，那么，现代事故管理理论就必然得不到灵活的运用，不能发挥出它对安全生产的重要指导作用。

对实际发生的大量事故进行分析研究，找出共性，参照事故致因理论，构造简单、直观的事故模型，用以指导企业的安全生产。在事故模型的指导下，人们可以事故的发生规律和特性采取有效的预防措施，以预防同类事故的重演，还可以用来对生产中的危险性进行评价。

要防止事故，就要知道事故是由什么原因所引起的，只有将事故原因分析清楚，才能有效地采取措施，防止同类事故的重演。如果对事故原因做出了错误的结论，就会把防止事故的措施引向错误。在事故分析中，可以运用先进的事故分析方法，如比较流行的故障树分析法，它通过对系统进行定性和定量分析找出系统发生故障的关键因素，寻求改善系统安全性的各种途径，从而对系统进行优化处理，使系统处于较为理想的安全状态，并通过分析可以进行事故的预测、预报。

对事故发生频率与作业时间、操作熟练程度、与年龄的关系能够进行统计归纳，掌握规律性的东西，用以高效有序地展开工作，这种总结归纳方法简单，容易操作，所得结果却非常实用。同时对所有的事故倾向都采取措施往往使安全管理的重点模糊不清，反而不能取得好的效果。因此，应当根据事故统计与分析，先确定问题的关键所在，再根据轻重缓急有重点地采取措施，有步骤地实施。

安全管理的措施，只有领导的高度重视，没有全体职工的大力支持，仍很难获得期望的效果。重要的是发动全员参与安全管理，激发全体职工在实践中有贯彻安全措施的愿望。

由于安全措施的实施有赖于作业人员的价值判断，所以为使措施能顺利地贯彻执行就需要有某种形式的刺激。这种刺激可以采取精神鼓励和物质刺激相结合的方式，同时，还应当在制度上作相应的规定。

从生理机能和心理学的角度来看，一种刺激措施的作用是有限的，时间长了就会失去作用。因此，对于长期实行的安全措施，需要根据实际情况，改变刺激方法，对于同一目的改变刺激方法，同样也可以起到刺激的作用。

当有重点地采取安全管理方法时，要不断查清管理措施的效果，在对安全措施的效果检查中，如果发现了阻碍达到目的的原因，就一定要对原来的措施加以修改补充，消除这种阻碍原因。安全管理不同于生产管理，安全措施作为指令传输，往往得不到预期的结果，即结果大多是隐性的。安全管理如果不经常地从管理过程及结果中掌握有用的资料，安全管理措施就会失去作用。要使安全管理取得良好的结果，在企业生产中就必须把效果不显著的措施撤销，代之以新的措施，并且予以具体化。

在生产车间，机械设备一经安装，就被固定在基础底座上，以后就不再随意移动，所以设计时不但要考虑到如何布局有利于提高生产效率，也要周密考虑对安全的影响。但通过对人造成伤害的加害物进行统计分析，一般机械设备引起的伤害只不过是手动设备引起伤害事故的 1/3，大多数事故并不是由于机械设备引起的。

非机械设备是随时可以搬动的，而且在作业现场总有各种原材料、半成品、工具和生产过程中产生的各种边角废料和其他东西。这些东西的安放要尽可能合理，使之秩序井然，对应当处理的东西必须加以处理，创造有条不紊的作业环境，这不仅会提高生产效率，有利于安全，也是现代文明生产的要求。

随着现代工业的迅猛发展，科学技术的快速推进，事故管理必须与之相适应，在经验型管理的基础上充分结合现代事故管理理论进行科学预防和控制。只有这样，才能迅速提高企业的事故管理水平，通过科学化、系统化、程序化管理，有效防范各类事故的发生。

第八节　环境，本质安全的保护伞!

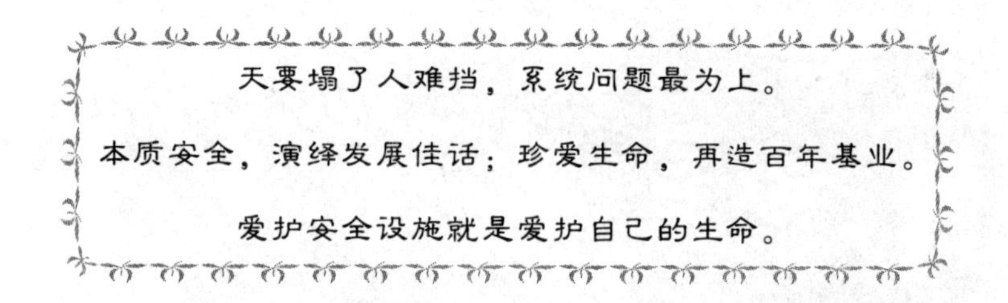

随着人们安全意识的逐渐提高，安全生产工作日益受到广泛的关注，企事业单位对工伤事故的预防和管理工作也越来越重视了。但是，由于安全管理这门学科在我国形成较晚，所以人们对其认识还比较肤浅。当安全事故发生时，人们常常从“责任心”和“操作方法”两个方面去考虑，往往认为造成事故的原因不外乎是人的不安全行为和物的不安全状态，而工作环境这一重要因素往往被忽视了。可事实上，无论是在生产中还是生活中，外界环境都对人有着很大的影响：环境适宜，人就会进入较好的工作状态；反之，就会使人感到某些不适，工作就会受到不良影响，甚至导致意外事故的发生。

常见的不良环境影响有噪声影响、振动影响、照明影响、空气污染影响、作业环境混乱影响以及环境温度、湿度的影响六种情况。下面我们就具体阐述一下这几种不良环境对安全生产的影响。

1. 噪声影响

生理学家认为，人耳长期受到噪声的刺激会发生听觉病变，造成暂时性或永久性损伤，甚至造成噪声性耳聋。《劳动保护条例》中规定，作业现场噪声不允许超过85分贝。在噪声环境下工作，人们之间的谈话、传递口令都会受到严重干扰，甚至会影响人的思维，从而增加了事故隐患。

2. 振动影响

振动会使人产生疲劳、烦躁甚至引起头晕、呕吐、影响视力等，使操作者不能得心应手而出现差错，酿成祸端。在日常生产中，振动对人体组织的传播以振动波形式对组织交替压缩与拉伸，并向四周传播。

经研究发现，振动频率在2Hz时，人最容易发生共振，应停止工作；40Hz以上的振动易为组织吸收；低频振动传播得较远，可传至脊柱，而衰减很少。由于振动引起的事故屡见不鲜，大家可能还记得大约20年前，美国航空喷气通用公司在试制“大力神”二号洲际导弹时，一名技师对发射井进行维修，由于工作台的低频振动而使手中的扳手套筒掉落，碰破了导弹的储箱底，使燃料泄漏，引起了爆炸，损失惨重。由此可见，振动对人体的健康和安全生产的影响不容忽视。

3. 照明影响

在生产环境中，照明光线过强，会强烈刺激人的视觉神经，使人头晕目眩，精神烦乱。而光线太弱，会降低视觉，使人的视觉神经疲劳，导致头脑反应迟钝。因而，不论是生活、学习还是工作都应该在适宜的光度下进行，这样才能使视觉神经处于最佳状态，以降低失误率。

4. 空气污染影响

空气污染在工作中是常见的，如生产性粉尘、有毒气体等。粉尘能造成呼吸道疾病，严重影响职工身体健康。有毒气体会使人头晕、恶心甚至失去知觉，威胁人们的生命安全，增加了事故隐患，必须加以预防。当然，有毒性的泄漏，本身就不是安全生产。

5. 作业环境混乱

作业现场环境杂乱，无条理，会直接通过视觉神经刺激神经中枢，使人的思维受到干扰，操作中会常常出现意外。例如1984年4月天津市某服装厂两名职工在二楼屋顶清理物料时，由于现场环境混乱，物料横七竖八地堆在一起，当一名工人移动一物料时，却将一根长约7m的铁棍碰倒，砸到10kV的高压线上，造成两人触电，其中一人死亡。类似事故并不鲜见，应当引起我们的高度重视。

6. 环境温度、湿度影响

人的正常体温在36~37度，最佳的环境温度应为摄氏20度左右，如果环境温度接近人的体温，人体的热量就不易散发，如果环境温度高于人的体温，人就会感觉不舒服，甚至会中暑。当空气中的湿度过大时，人就会感到胸闷或有窒息感，易分散注意力，并且过高的湿度会减小人体的电阻率，增大了触电的可能性，对安全生产极为不利。

由以上几点可以看出，工作环境对操作人员的影响很大，在我们的日常安全生产管理中绝不能忽视。作为企业的管理者应当为职工创造良好的作业环境，使职工能够处于最佳状态，以减少差错及事故率。可喜的是，现在许多企业的领导已经认识到了这一点，正在为此积极地努力着，并且已经取得了一些成绩。我们坚信，职工的工作环境会越来越好，安全生产的形势也一定会越来越稳定。

“一人把关一人安，众人把关稳如山。每位职工如果能做到‘四不伤害’，抓好这个软环境，就可以成为想安全、会安全、能安全的本质安全人。我们都要撑起安全的保护伞，为别人，也为自己的生命护航。”

坚决实现安全生产“零”目标，不仅是组织领导的严格要求，更是企业领导的责任。坚决实现“零”目标没有折扣可打，没有价钱可讲，坚决实现安全“零”目标的决心和信心也绝不能动摇和放弃，必须从环境安全落实起，温家宝总理讲的“信心比黄金更重要”。因此，实现环境的本质安全的目标，必须加强安全文化建设，塑造本质安全型员工。

安全生产管理的实践经验告诉我们，加强企业安全文化建设是打造本质安全型企业，塑造本质安全型员工的关键，也是创新安全管理方法的重要手段，更是实现安全“零”目标的保证。因此，我们要打造本质安全型企业，塑造本质安全型员工，用先进的安全管理方法来保障员工生命健康，确保国家财产不受损失，坚决实现安全“零”目标，就必须进一步加强企业安全文化建设，以此来推动安全生产健康有序发展。

安全文化是存在于单位和人员中的特征和态度的总和，是指单位领导对安全管理的重视程度和员工的安全生产意识、安全生产技能等。安全文化确定安全第一的观念，并使防护与安全问题由于其余重要性而保证得到应有的重视。它的主要作用就是通过“文之教化”，将人培养成具有现代社会所要求的安全情感，安全价值观和安全行为表现的人，也就是我们通常所讲的本质安全人。加强安全文化建设的目的就是在现有的技术和管理条件下，使人们生活、工作得更加安全、健康和幸福、殷实，使职工工作在井下有安全感，生活在地面有幸福感，作为矿工有荣誉感。这也就正迎合了矿业公司“快乐工作，体面生活”的三大治企理念之一。安全文化的主要内容包括安全观念文化、安全管理文化(制度文化)、安全环境文化、安全亲情文化等。所谓安全观念文化，就是企业以及员工对待安全工作的态度和认识，这是搞好安全生产工作的先决条件。认识不到位，态度不端正，就不能把安全第一的思想很好的贯彻落实。所谓安全管理文化，也就是安全制度文化，就是说在安全管理上要有科学、严格、合理的一套行之有效的管理制度，用以约束企业的作为和员工的行为。制度是把双刃剑，它不仅用来管理企业，也用来管理员工。比如“职工的十项权利”也是制度，它是用来约束企业作为的。

再比如“煤矿安全规程”，它不仅要求企业怎么样，也要求员工怎么样。我们常讲，没有规矩不成方圆。没有完整、科学、合理的管理制度，企业必定是一盘散沙，员工则肯定是一群乌合之众。所以制度建设是安全文化建设的重要组成部分，也是保证企业健康有序发展的必备条件。所谓安全行为文化，顾名思义就是在安全生产过程中，你做什么，怎么做，做到什么程度的问题。换言之，就是作为企业，在安全管理的全过程，你用什么样的手段、方式、方法来管安全。作为员工在生产工作的过程中，你是用文明健康的行为从事工作，还是用野蛮粗鲁的行为方式从事生产。所谓安全环境文化，是指安全生产的环境和氛围。一方面指员工生产的处所是否安全可靠，还是危机四伏；另一方面指企业是否创造了浓厚的安全生产管理氛围。加强安全环境文化，从硬件上讲，就是要加强安全投入，强化安全基础设施建设；从软件上说，就是要通过一些载体，搞活动、教育培训，营造良好的安全生产氛围。所谓安全亲情文化，说到底是人本文化，它要求我们在安全管理的过程中必须坚持以人为本。首先，在制度建设上要突出以人为本，不能制定的制度置人于死地，无法执行。其次，对于管理者而言，对待自己的管理对象要像同志加兄弟。实行亲情管理，和风细雨，不可电闪雷鸣。最后，员工之间也要有兄弟之情，互敬互爱，互相帮助，在安全上不仅要自保还要互保，不伤害自己也绝不伤害他人。安全亲情文化最主要的是员工自己要建设自己和谐美满的家庭，经营自己幸福恩爱的婚姻。因为家庭婚姻作为社会的基本要素，直接影响着人的安全情绪。家庭和睦美满，婚姻恩爱幸福，工作称心如意，干活就劲头十足，安全也有保障。因此，关心员工家庭婚姻也是加强安全文化建设的一个重要方面。

加强安全文化建设，塑造本质安全型员工。一是要不断加强安全教育和培训。用安全文化去塑造每一名员工，从更深的层面来激发职工关注安全，关爱生命的意识；从根本上实现安全生产的长期稳定，通过教育培训，使职工在强烈的安全意识中，从不得不服从制度管理的被动执行状态变为主动自觉地按安全要求采取行动，从要我遵章守纪变为我要遵章守纪，从要我安全变为我要安全。二是要以文化人、加强人本管理。安全文化说到底是“人本文化”。而安全文化，文之教化的对象也就是基于“人”这个安全管理主体来进行的。所以我们一定要突出以人为本的安全管理手段，从文化的角度来研究和分析安全生产的规律，探索和加强安全管理的途径和方法，从而达到以文化人，全面提高人的安全管理和企业安全管理水平。三是要搭文化台，唱安全戏。也就是说，要以活动为载体，搭起文化建设的舞台，唱好安全管理的戏，不断给安全管理的一些有效方法注入新的文化内涵，赋予新的文化内容，使职工乐于参与，喜闻乐见，自觉自愿地参与其中，并接受管理。

文化是一个国家和民族生存的基因；是一个企业的标志和品牌；是一个人品质的外在表现和内涵。只要我们重视和加强企业安全文化建设，引导职工积极参与企业安全文化建设，为安全发展营造一个良好的人文环境；为职工的生命健康、生活幸福撑起安全保护伞，安全“零”目标就一定能实现。

近几年，血铅事件一次次牵动人们的神经。2009 年发生了 6 起较大的血铅事件，2010 年发生了 9 起较大的血铅事件。这些事件大多呈现这样一条轨迹：当地群众尤其是儿童身体受到损害，医院检测证实血铅超标，媒体曝光，引起舆论关注，政府采取经济补偿和医疗措施安抚群众，舆论压力进一步加大，上级部门介入，政府处理责任人，关停污染企业，事件淡出舆论视野……

对于这一轨迹，人们质问：血铅事件为什么屡屡发生？“前车之覆”为什么没能成为“后车之鉴”？毋庸讳言，血铅事件是粗放发展方式的必然结果。当前，在一些经济欠发达地区，存在不少工艺水平落后、污染严重的铅冶炼、铅回收和铅酸蓄电池企业。在当地一些干部眼里，这些涉铅企业是高利润、高税收的“摇钱树”，从而在招商引资和日常监管之中，给予种种照顾。血铅事件的发生，表面上看是企业环境意识淡薄、长期违法排污所致，根源还在于企业受到地方“特别保护”，有恃无恐。不少国家都有涉铅企业，问题在于，涉铅企业具有很大的环境风险，一个地方引进这类企业，既要严把源头准入这一关，也要严把日常监管这一关。令人遗憾的是，许多地方发生血铅事件，恰恰是由于两个关口都没把住。

在一些国家，对涉铅企业污染源控制以及对厂区周围水、空气中铅的监测有着严格的要求，但国内有的企业却只重视生产，而忽视对周围环境和群众健康的保护，值得深思。应该看到，涉铅企业很多处于经济欠发达地区，而这些地方环境执法能力严重不足，多数县级环保局不具备监测铅及其化合物的能力，这就要求环保部门加强自身能力建设，严格监督，履行环保责任；同时更要看到，面对一些涉铅企业的“金币诱惑”和“摇钱树功能”，光靠环保部门监管必然独木难支，更需各级政府树立科学发展理念，通过加快转变经济发展方式，真正走出发展“见物不见人”的误区，切实维护群众身体健康和环境安全。

所有的新闻终究是新闻，所有的呼吁终究是呼吁，水污染事件仍然在不期中不断发生，对于我们民众，我们能做些什么呢？我们可以在家里安装净水器，这也是最快捷、最有效的好办法。任世界再多变化，保证安全饮水，给我们的生命多一把保护伞，这个我们每个人都能做到。

第九节　自我保护的关键是安全意识

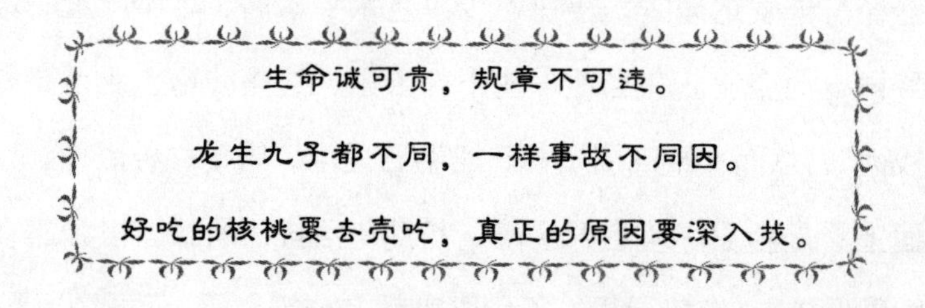

综观发生事故的原因，绝大多数都是由于违章作业、违章指挥造成的，属于人们不可预见、不可抗拒的偶然性事故寥寥无几。在事故的受害者中，大多数也都是因为自己的安全意识不强、自我保护能力差而受到伤害。因此，努力增强作业人员的自我保护意识和能力是安全工作中最基本、最主要的一项议题。

什么是自我保护意识？有哪些表现呢？ 自我保护除了是一种本能，是一种维持生命不可缺少的自觉行为外，它已转化成一种精神和思维。随着每个人经验的积累，安全技术和安全文化的不断提高，自我保护能力也在不断地增强。有了较高的自我保护意识后，就可以实现“不伤害自己，不伤害他人，不被他人伤害，不被机械伤害”的美好愿望，就可以将整体的事故频率降到更加理想程度。自我保护意识强的人主要表现在：认真学习和执行各项安全规程、制度；主动进行安全学习和接受安全教育；主动服从安全指导和管理；正确使用和佩戴安全防护用品和劳动保护用品；无安全交底、安全措施、隐患不排除，拒绝操作等。反之，则是自我保护意识淡薄的表现。

换汤不换药

自我保护意识在安全工作中起着举足轻重、至关重要的作用。那么，如何增强自我保护意识呢？主要应抓好以下几个方面：

首先，要树立起“安全第一”的思想，强化安全教育，使每个人都成为安全工作的有心人和明白人。要用一切可以利用的机会学习、宣传安全生产法律法规，宣传和学习安全规程、制度、岗位责任制，要调动党、政、工、团等一切力量加强宣传教育工作。在教育中，要晓之以理，动之以情，使每个员工都知道抓好安全工作是利国、利民、利家、利己的大事，而自己是最大受益者，而且这种教育要坚持“一以贯之”。

其次，要严格遵守和执行各项安全规程、制度。安全规程是一个巨大的保护伞，你在它所允许的范围内生产，它可以保你安全，给你幸福；当你走出它规定的安全范围，你就不受它保护，不安全因素直接变成对人身和财产的严重威胁。严格遵守安全规程和制度是一个人自我保护意识强的标志，是将美好的安全愿望实现的实际动力，是员工安全、家庭幸福的可靠基础，是企业效益稳定持续增长的重要保证。

最后，要有目的地去预防、躲避存在的危险点，从而保护自己。而存在侥幸心理、麻痹大意、明知故犯的例子比比皆是。做好防火安全工作是促进企业健康、稳定发展的关键，是保障生命与财产安全的重要环节，俗话说，水火无情，2007 年 10 月 5 日，世界著名的电子企业 LG 电子设在惠州的工厂发生火灾，烧毁原材料及成品总价值上亿元，还有数人命丧火海；2008 年 6 月 10 日，发生在汕头市潮南区峡山镇华南宾馆的特别重大火灾事故，更是造成 31 人死亡、21 人受伤的沉痛后果，而其直接原因只是电线短路故障所引起。这几场大火给我们留下的都是最深刻、最沉痛的教训。

电子制造类企业，公司所储存的原材料和成品数量庞大，价值高昂。所使用的原料及成品基本上都是易燃物，有一些甚至还是高度易燃的危险化学品，所以消防工作在工作中就显得尤为重要。

企业在安全生产工作中应当一直在强调消防工作，并尽最大努力提高员工的防火意识，在硬件措施上，公司厂区安装先进的火灾自动报警控制系统及消防水系统，每个位置都配置了足量的消防器材，并指定专门的管理人员来管理和维护消防器材，确保消防器材不被损坏、丢失和转移，并能够得到及时补充。

在一些重点防火部位还专门设置了自动灭火系统。我们的消防宗旨就是时时、处处警惕，人人有责任，物物有保障。

由于种种原因，许多员工还不知道灭火器应如何使用，不懂得如何处理突发性事件。为了很好地解决这个问题，有效提高全体员工的消防技能，要通过实际演练来增强员工对消防的动手能力，让大家懂得如何处理突发性的火灾事故。对于火灾事故，大多数员工可能都没经历过，我们也都不希望有这样的经历。但要想在我们的记忆中完全没有这个经历，我们就应该懂得消防的相关知识，以便在突发紧急情况下能够采取有效措施杜绝一切火灾事故的发生。我们国家消防工作的方针就是“预防为主，防消结合”。

2005 年 5 月 13 日下午，华电新疆红雁池电厂的工作人员在 #2 油罐顶部安装排空管时，未严格执行动火工作票制度，违章电焊作业，结果造成储油罐爆炸事故，5 人死亡、1 人受伤的惨剧发生。

各企业在锅炉运行中，处理磨煤机回粉管堵塞时，要考虑到存在的危险点是由于炉膛负压波动，可能使煤粉瞬间大量喷出而造成烧伤、灼伤，因此要少量均匀放粉，同时佩戴好皮手套、护目镜等保护用品来保护自己，否则发生意外，可能成为受害者。

让我们以“一以贯之”的不懈努力，严格认真地遵守安全规程和制度，增强自我保护意识，杜绝习惯性违章，用安全来维系一个快乐、祥和、五彩缤纷的美好世界。

第十节 安全是责任，更是权利

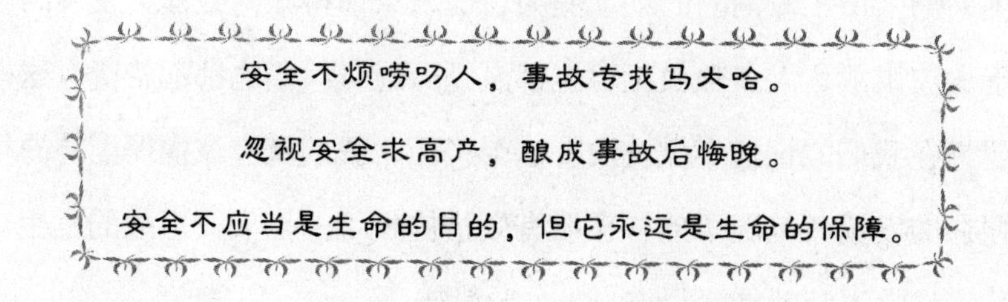

我们从报刊上经常可以看到，少数企业的劳动者在非常恶劣的环境中工作。这就是明显的劳动者安全卫生权利的被动侵犯，该现象在许多小企业和私营企业中普遍存在。《劳动法》第六章第五十二条、第五十三条、第五十四条规定用人单位必须提供给劳动者安全卫生的工作环境，并且提供相应的劳保用品。在相关报道中，用人单位常常违反这些规定，使劳动者的安全卫生权利遭到侵犯。一些企业为了获得暂时利益而不顾法规的要求，不顾劳动者的安全卫生；劳动者的求职心切，为了赚钱养家糊口，往往忽视或迫于无奈，只好委曲求全。这种情况下，劳动者应该通过合法的手段来维护自身的合法权利。要使劳动者真正享受到安全卫生权利，各主管部门和相关部门要相互协调配合才能进一步完善，劳动者本身也应当积极争取，才能使自己享受到应有的权利。

劳动者应当享受到安全卫生权利，可在实际中有的劳动者不知不觉地忽视了该项权利，主要表现在两个方面：一是劳动者本身安全意识较低，认识不到安全卫生对人体的作用，不对环境的安全卫生状况进行分析和评估，工作时忽视安全卫生。尤其许多劳动者往往只要求配齐劳动工具，而不主动要求劳保用品。二是劳动者常常忽视使用劳保用品。劳动者已经配备了相应的劳保用品，但劳动者在劳动过程中不重视劳保用品的作用，认为劳动中戴安全帽或使用其他劳保用品比较麻烦。殊不知，在某些条件下，一个安全帽就能够保护好一条完整的生命，尤其是针对头部和空中坠物是能够起到良好保护作用。因此，管理人员要重视，加强监督，要求员工在具体工作中必须把配备的劳保用品使用好，同时，劳动者更要自觉地使用好劳保用品。

要提高劳动者的安全卫生状况，其中提高劳动者安全卫生意识尤为重要，要让每位劳动者都能够享受到应有的权利，劳动者和管理人员都要努力做好工作，按照相关的法规办事，提供良好的工作环境，利用好现有的劳保用品资源和条件，劳动者严格执行安全操作规程，安全高效地完成工作。

诸多的法律文本中，常常还提到享受权利的同时还必须承担一定义务，然而，在安全工作中往往是要承担相应的责任，这比承担义务更严格。安全工作宣传主题之一是“安全责任重于泰山”，这种责任是对生命的责任，对国家财产的责任，对广大人民群众的责任，对环境的责任。要真正地把安全当做一种责任，全体人员应当树立“安全第一”的思想，要关爱自己和他人及财产的安全，无论是管理人员还是普通劳动者，都要有这种思想。在各自的岗位上尽职尽责，不走表面形式，不走人情关，把人民的安危放在心上。同时，相关部门也要完善相应的法规体系，能够从法律上明确责任。

按照安全责任制的原则，可以把不同的责任明确为领导责任、安全员责任和操作者责任。领导责任主要是作好管理上的权限问题，利用相应的权限来搞好安全工作，提供最好的条件设施和待遇，严格执行相关规章制度，严格要求下属，广泛地听取多方建议和意见，为正常的生产提供良好的安全保障，为员工提供良好的安全环境。安全员主要做好监督检查，宣传教育，配合各级部门做好安全工作，提供适应的安全方案，作好协调和监督。操作者工作时间要严格遵循操作规则，监守工作岗位，尽职尽责，时刻保持良好的工作状态，使用好配备的劳保用品，发现问题及时处理或向相关人员报告，保障机器设备的安全高效运行。

三不伤害是指“不伤害他人、不被他人伤害、不伤害自己”。这句话很具体地表现了责任二字，不伤害他人是对自己的要求，是做人应当所为的，伤害了他人自己也难辞其咎，也要在一定程度上承担责任；不被他人伤害是一个人应当享有的权利，也要承担责任——自己遭受痛苦；不伤害自己就更应当注意，自己就有保护自己的责任，也是一种本能。

安全工作是一项重要的工作，也是复杂的系统工作，涉及面多，既有管理的工作也有技术的问题，所以提倡系统安全管理。享受权利和承担责任是密不可分的，从安全卫生的权利和责任的角度来探讨只是一个方面，旨在能够提高不同人员的安全意识，希望能够在今后的工作中时时关心安全卫生，在安全管理中，能够使用最先进的安全防范科学技术，使用最科学的安全管理方法，保障最广泛的安全环境。

从法律层面讲，企业和劳动者应该遵循怎样的权利、义务和责任呢？

一、解决劳动者安全权利被动侵犯的问题

权利和义务是紧密联系的，人们在建立各种法律关系时，往往是互为权利和义务。

企业和从业人员之间构成了一种劳动关系，在这种关系中，从业人员提供自身的劳动并获得报酬，企业提供劳动场所和劳动条件，并支付劳动报酬，双方的利益并不完全相同。因此，必须依靠法律明确规定企业和从业人员双方的权利和义务，才能使这种劳动关系保持公平和稳定。安全生产是劳动关系的重要组成部分，在我国现行的法律中，对企业劳动关系中安全生产的权利、义务和责任有明确规定。

二、企业在安全生产中的权利、义务和责任

企业在安全生产中的权利，主要体现在对于严重违反劳动纪律或安全规章制度的从业人员，有权依据规章制度进行处罚，甚至解除其劳动合同。

企业在安全生产中的法律义务和责任主要是：

（1）必须严格执行国家安全生产法规和标准。严格遵守国家有关安全生产的各项法规和标准，是企业的基本义务之一。国家发布的一系列有关安全生产的法规和标准，是防止和减少伤亡事故与职业危害的基本保障，生产经营企业必须严格执行。企业制定的各项规章制度，不得与国家法规和标准相抵触，也不能以本企业条件不具备为由降低对法规和标准的执行力度。

（2）必须建立、健全安全生产制度。不具备基本的安全生产条件、没有符合劳动安全卫生要求的规章制度，企业不得从事生产和经营活动。把建立、健全安全生产制度规定为企业的责任和义务，首先，因为企业的安全管理所面临的问题是复杂的、综合的，解决好这些问题需要多方面、多因素的配合，生产过程中任何一个环节出问题，都可能导致伤害事故的发生。其次，国家制定的安全生产的法规和标准是基本规定、基本标准，具体到每个企业、每个岗位适用哪些标准、规程还需要进一步确定，需要企业通过建立、健全本单位的制度来具体落实。

（3）必须对从业人员进行安全生产的教育。企业的安全生产制度，是依靠广大从业人员去具体执行的，因此，企业应当对从业人员进行安全生产教育，使从业人员了解工作场所的安全状况，并且懂得应该做什么和如何去做。如果企业没有对从业人员进行必要的安全生产教育，企业应当承担相应的责任。

（4）必须提供劳动防护用品和改善劳动条件。创造安全生产的作业条件，为特殊作业条件下的从业人员提供必要的防护用品，是防止生产过程中发生事

故和减少危害的根本措施。在我国的法律中，对生产企业在改善劳动条件，实现安全生产方面作出了明确规定，企业必须严格执行。

（5）必须对女工和未成年工实行特殊的劳动保护。女性从业人员由于其生理特点，除了与男性从业人员一样享受法律规定的劳动安全卫生方面的保护以外，还需要在劳动安全卫生方面享有一些特殊的保护，如安排不属禁忌的劳动范围的工作、安排法律规定享受的休息假期、安排定期健康检查等。对年满16周岁未满18周岁的未成年工，一是不得任意录用，二是不得安排从事矿山井下、有害有毒、国家规定的第四体力劳动强度的劳动及其他禁忌从事的工作，三是定期进行健康检查。

企业违反安全生产法规，致使发生事故，造成劳动者生命和国家财产损失的，要承担法律责任，有关责任人员也要被追究相应的法律责任。

三、从业人员在安全生产中的权利、义务和责任

根据国家的法律规定，从业人员在安全生产方面的权利可归纳为以下几方面：

（1）有权得知所从事的工作可能对身体健康造成的危害和可能发生的不安全事故。企业有义务使从业人员了解从事该工作可能对身体造成的危害，并有责任对从业人员进行与其从事工作相适应的安全培训。

（2）有权获得保障其健康、安全的劳动条件和劳动防护用品，企业有责任改善从业人员的劳动条件，为其发放符合安全卫生要求的劳动保护用品。

（3）有权对企业管理人员违章指挥、强令冒险作业予以拒绝，企业不得以此为由给予处分，更不得予以开除。

（4）有权对危害生命安全和身体健康的行为提出批评、检举和控告，企业必须采取积极措施，消除危害从业人员安全健康的状况和行为，不得对批评、检举和控告者进行打击报复。

（5）在发生严重危及生命安全的紧急情况时，有权采取必要的措施紧急避险，并将有关情况向企业的管理人员作出报告。企业不得因从业人员采取紧急避险措施而给予任何处分，也不得扣发其工资、奖金。

从业人员在安全生产中，除了享有安全健康的有关权利外，还应当承担相应的义务。相应的义务主要有以下几方面：

（1）在生产过程中必须严格遵守企业安全生产规章制度和操作规程。企业安全生产规章制度和操作规程是从业人员生命的保障，违反安全规章制度和操作规程，将影响从业人员的安全与健康。

（2）必须按规定正确使用各种劳动保护用品。从业人员在生产过程中，不按规定佩戴和使用劳动防护用品，往往容易造成伤亡事故。

（3）在生产过程中，从业人员有义务听从企业管理人员正确的生产指挥，不得随意行动。

（4）在生产过程中，发现不安全因素或危及安全与健康的险情时，有义务向管理人员报告。

从业人员违反安全生产法规和企业规章制度造成事故发生的，除了企业的处罚外，还要承担相应的法律责任。

随着社会主义市场经济的发展，政府的行政管理职能将弱化，法制的保障作用将更加重要。安全生产必须实行法制化管理，建立“有法可依、有法必依、执法必严、违法必究”的劳动关系管理机制，才能有效规避企业安全风险。涉及企业法人间的经济技术合作的劳动关系，还需要从合同上明确双方在安全生产中的权利、义务和责任，并使其在法律上有效化。

第十一节　一个人的平安，全家人的期待

谨慎入微的人总会平安一生。

财富使人享受一时，安全使人幸福一生。

热爱生命的人，时刻把安全与生命摆在同等重要的位置。

一人安全，全家幸福；一人违章，大家遭殃。

谁不希望自己有健康的体魄，谁不希望自己拥有一个温馨和睦的家庭，谁不希望自己在事业上有所成就，家庭、生活、工作都平平安安？回答都是肯定的。然而，如果你、我、他无论在生活中，还是在工作中疏忽了“安全”二字，那么，这些愿望就很难实现了。当白发苍苍的老人拄着拐杖，佝偻在路口，当稚嫩的孩子咿呀学语，喃喃地叫着爸爸，他们企盼的就是亲人平安归来；当妻子守在电话旁，当朋友点好接风的酒菜，他们等候的就是您平安的消息！在人生的旅途上，您的朋友、您的亲人，最关心的不是您富可敌国，也不是您地位显赫，而是您时时平安！因为只有平安，您才能实现您的梦想，才能享受梦想成真的喜悦。在平安的环境里，人人生活幸福，对未来充满希望，一切都显得和谐安宁又生机盎然，所有的困难都变得渺小。

当您的亲人出门工作时，肯定会带着您的一份牵挂和一份祝愿，希望自己的亲人平安归来。有了安全，才有家家户户的幸福。多少的事故和眼泪，夹杂着悔恨和泪水，让我们随之黯然；多少的教训和哭泣，伴随着心酸和痛楚，让我们更加警醒，让我们更深刻地体会到只有关注安全，才有平安，才有幸福！

生日愿望

生命璀璨夺目，美好无限，而不安全和事故，却对生命进行着挑衅和肆无忌惮的吞噬和侵蚀。每一个从业人员只要踏入行业的大门，就开始接受安全教育。“安全第一，预防为主”，我们牢记在心，我们是时时讲、周周学、月月喊，安全工作规程翻破了一本又一本，安全学习记录是厚厚一大叠，综观以往发生的重大事故和我们学过的事故报道，为什么一进行分析，结果就是——“违章”。我想不会有人对安全工作规程、技术操作规程、企业纪律章程有任何怀疑，这些都是鲜血教训的经验凝结，每个人都对这些耳熟能详，它是每一个从业人员的三件法宝，但为什么最终却不能落实到行动上？正是这些无视安全的无良之人，漠视自己和他人的生命安全，使人们痛恨万分。正是这些惨痛的事故，让千万个家庭失去了欢笑，让无数个母亲和孩子在号啕哭泣。逝者已矣，是为不幸；生者如斯，情何以堪？安全，是天伦，是亲情，是人性。安全，只有安全，才能让我们远离那如泣如诉的痛苦和哀伤；安全，只有安全，才能让我们寻求快乐生活，得到平安幸福。

我们的每一个职工及家属，更应该致力于家庭的稳定与和谐，在我们普普通通的日子里，别忘了对亲人的关爱，出工前别忘了嘱咐一句平平常常、简简单单的“注意安全”，送上您的祝福，还有您的担忧和牵挂，让他们“高高兴兴上班去，平平安安回家来”！

为了每一个家庭永远充满欢歌笑语，为了每一个孩子的笑脸永远灿烂，让我们牢记“安全第一，预防为主”这一永恒的主题，因为它是一句充满人间爱意的呼唤，是孩子的希望，是妻子的祝福，是白发父母隐隐的企盼。保证平安是福，安全如天。没有比健康更宝贵的财富，没有比平安更重要的幸福。有了晴朗的天空，心情才舒坦，有了平安的日子，生活才幸福美满。“任何事故都可以避免，任何违章都可以预防，任何风险都可以控制”，请时刻牢记：珍惜生命，重视安全！

我们需要的是一生安全！也许您曾感受过母亲对儿子的那种牵挂；也许您曾感受过妻子对丈夫的那种依恋；也许您曾感受过孩子对父亲的那种期盼！那么，当您凭借强健的体魄检修设备时，当您施展娴熟的技巧巡检消防缺失时，您的头脑是否绷紧了安全这根弦？

安全，这两个普通的字眼，在我们心中曾是那样平凡，但是当我们听说关于徐塘“5·8”人身伤亡事故发生时，我们的心灵也受到了巨大的震撼。虽然我们不知道这位主人公的名字，但知道他平日里的工作一直都很出色。在2007年5月8日，可怜的他在未采取任何安全措施的情况下，冒险违章作业，虽然听到了警铃声音，但他仍然没有及时撤离现场，随后造成人身伤亡的事故。他万万没有想到，就是这次小小的忽略却造成了他终身的遗憾。

出事的当天，他年迈的老母亲听到儿子不幸的消息，心急如焚，当即晕倒在地；正在上班的妻子接到电话以后惊叫了一声，继而发疯似的向医院跑去；刚满4岁的孩子，晚上见不到父亲回家，哭喊着找爸爸，然而，他的妈妈却不忍心告诉孩子事情的真相。她怕呀，怕在孩子幼小的心灵上留下可怕的伤痕。

就这样，一个充满幸福而欢乐的家庭，被一场突如其来的灾难打破了。像这样可悲的事例还有很多，究竟是什么导致这些悲剧的发生呢？“是盲目，是疏忽，是对安全观念的薄弱，是对自己生命的不负责！”

也许，有的同志会说：“我不惧怕死亡。”但我要奉劝您，不要做无谓的牺牲。

也许，有的同志会说：“我不惧怕伤残。”但我要奉劝您，不要做毫无价值的冒险。

也许，有的同志对别人的悲剧不以为然，依旧我行我素，违章蛮干。但我们要大声地提醒您：“危险就在您面前，不要拿自己的生命做赌注。”朋友们，生命是宝贵的，生命对每个人都仅有一次，自酿的苦酒自己可以喝下，自己的痛苦自己可以承担，然而留给母亲的悲哀、妻子的伤痛、孩子的阴影，却是任何人也无法抹掉的。

作为一名工人、劳动者，我们都要懂得这样的道理：违章作业是最可耻的表现，忘记安全，危险就潜藏在身边，遵章守纪是最基本的道德准则。那么，我们为什么有章不循、有规不守？难道是因为我们有多年的技术经验就可以把安全规程放一边了吗？

您可知道，那本微薄的《安全规程》浸透着多少血泪、多少悔恨、多少辛酸？它积累着我们多年来的宝贵经验，它已成了我们工作中的方向盘！没有尝过苦果的人，总是体会不出他的苦涩。马虎大意，掉以轻心，会把你推向灾难。悲剧一旦发生，那将悔之晚矣。我要说，安全是生活赐给每一个憧憬甜美生活的最好礼物。

朋友们，为了母亲不再悲哀，为了妻子不再悲泣，为了孩子不再惧怕，谨记这一桩桩、一幕幕惨痛的教训。事事想安全，人人讲安全，筑起牢固的安全防线，让“安全”给我们带来家庭的幸福，企业的发展，社会的和谐！

第二章 谁能保护你？

丰富的知识有助于提高人的安全意识，而缺乏安全意识的人，大多是知识贫乏的人。学习安全生产法律法规可以使大家增强法制观念，在工作中自觉遵守法律法规办事；学习专业法规可以使大家知道专业要求，明确如何正确操作；学习岗位操作规程及设备操作说明，就能够掌握操作规程，熟悉机械设备的技术性能和使用注意事项；学习安全基础常识，可以使大家增强自我防护的能力。

第一节　人人为我，我为人人

——安全生产的集体特征

马失前蹄之祸，难免不连累到骑者；他人违章之祸，难免不株连到你。

安全利我利他利民，事故害己害家害国。

生命不属一人有，安全不能一刻松。

1　都是谎言
2　都是真理

“十二五”规划建议提出：“提倡修身律己、尊老爱幼、勤勉做事、平实做人，推动形成‘我为人人，人人为我’的社会氛围。”“我为人人，人人为我”的口号，过去提过、又放下，批了、再提倡。这种辗转反复，有如时代镜鉴，值得琢磨。主张“为人民服务”，当然要强调“我为人人”，但并不因此就否定“人人为我”。一般即寓于个别之中，“人民”要体现在一个个鲜活的个体之中。如果要求一部分人只提供服务而不享受服务，“为人民服务”岂不失去了一部分服务对象？如果要求个人无条件为集体牺

牲一切，甚至放弃合理正当的利益追求，这种
无视个体权益的“集体主义”何来感召力，又何来“可持续发展”？“我为人人”，在物质条件匮乏的历史阶段有其合理性，但随着时代发展，“人人为我”的合理诉求也应逐步满足。总是忽视个人正当利益追求，必然影响个人活力和创造力的发挥，最终影响经济社会的整体发展。这方面，我们的教训是深刻的。

蛋糕要做大，也要分好。列宁说过：“我们要努力把‘大家为一人，一人为大家’和‘各尽所能，按需分配’的准则渗透到群众的意识中，变成他们的习惯，变成他们的生活常规。”在社会主义市场经济条件下，个体利益与社会整体利益从根本上并不矛盾冲突，反而可以实现双赢。正如马克思所说，要“实现人的自由、解放和全面发展”，也要求“每个人的自由发展是一切人的自由发展的条件”。

一个不爱岗的人很难做到敬业，一个不敬业的人就更谈不上真正的爱岗。每个人要真正做到敬业就必须从爱岗做起，也就是说，不论做什么工作，不论职务大小，都要立足于本职工作，严肃认真，兢兢业业，脚踏实地，一丝不苟；同时，还必须树立良好的服务思想，要知道每个工作、每个岗位都是可敬的，都是社会所需要的，服务不是抽象的词汇，它体现在每个人的具体工作之中，所谓“我为人人，人人为我”就是最好的体现。因此，只有树立了良好的服务思想，才能在工作中积极主动，奋力进取，才能保持和他人的精诚协作，才能具备对工作高度负责的精神，无论遇到什么困难都能克服；另外，还必须努力学习和掌握新业务、新技术，在工作中注重细节，力求精益求精。人我关系，见仁见智，不妨“去掉一个最高分，去掉一个最低分”。大公无私是圣人，公而忘私是贤人，先公后私是善人，公私兼顾是常人；私字当头是小人，假公济私是痞人，损公肥私是坏人，徇私枉法是罪人。我们要提升常人，提倡善人，学习贤人，向往圣人；也要教育小人，揭露痞人，改造坏人，惩治罪人。鉴于日

常的、多数的是常人，要做的“常事”，就是修身律己，平实做人；要说的“常理”，就是“我为人人、人人为我”。人我关系，既简单又复杂。

孔子说，“己所不欲，勿施于人”，“己欲立而立人，己欲达而达人”。在工作中，每一个“人手”都追求效益最大化，由此演出了一部部激烈竞争的话剧，优胜劣汰，效率大增。但如果一切向钱看，就会把精神、信仰一概物化，就会把诚信、道德统统抛弃。手持利益这把“双刃剑”，身处企业这个共同体中，恐怕还需要坚守底线，明晰边界，有所为，有所不为。人我关系，既稳定又发展。经过了个人利益的觉醒、市场经济的洗礼，如何把经济冲动与道德追求、把物质财富与精神高度成功结合起来，检验着社会的文明程度。2010 年“非公有制经济人士回报社会感恩行动”在全国深入开展，参与企业 5 万家，投入资金 30 亿元，累计受助 30 万人。这些行动，都是“我为人人、人人为我”的生动体现。倘若推而广之，社会关爱人人，人人感恩社会，每一个社会成员都充分感受社会的温暖与和谐，反过来“滴水之恩，涌泉相报”，守望相助，蔚然成风。如此良性循环，不就是“我为人人、人人为我”的社会氛围吗？此中，生长着一种新型的社会文明，激扬着社会主义核心价值的生命力。

“我为人人，人人为我”的奥妙，人性之私，不容回避。掩耳盗铃不可取，放任自流更不可行，我们应该营造一个“我为人人，人人为我”的氛围。这个世界上需要无私奉献。但事实上，生活中的许多事都因为方式方法不对而收不到良好的效果。如果我们换种角度，从人性的角度谈无私，也许就会出现另一番天地。请看下面故事的启示：

美国的一位心理学家在露天游泳场作了一个有趣的试验：故意安排不同的人溺水，然后观察跳入水中进行施救人员的反应。结果耐人寻味。在长达一年的试验中，当白发苍苍的老人滑入水中时，累计有 20 人进行施救。当孩子滑入水中时，累计有 32 人进行施救。而当妙龄女子滑入水中时，施救人员的数字上升到50人。心理学家称，这个试验可以证明，人性中有自私的倾向。虽然同样是救人，但他们在跳下水的那一刻，我知道他们心里想些什么。我可以告诉那些美丽的姑娘，她们的溺水与其他人群相对而言，安全性高多了。

这个试验让人想起一个发生在身边的故事。一位职工平时十分吝啬，公司里举行募捐他最多出一元钱，即使为本公司员工募捐他也是如此。但令人奇怪的是，最近他和浙北山区的一位贫困学生结成助学对子，他一次性就拿出了1000元钱。拿出近一个月的工资去捐助学生，这不是他的一贯作风。但如果换一种角度去理解，它就类似于游泳场上妙龄女子落水施救人员多的现象，起作用的是每个人的心中有“基于自己利益”的潜意识倾向，说白了，许多人同时捐助一个人和一个人捐助一个人，当然是后者更有成就感和具有期待回报的可能性。

人是自私的动物，这并不是一件可耻的事情。重要的是，我们如何认识和利用自私，而不是逆“性”而为，以太高的姿态去做一些徒劳而没有实质性效果的事情。一座城市的郊区有一座水库，每年夏天都吸引了一大批游泳爱好者前去游泳。而水库是城市自来水厂的重要取水源。为了保持水源的清洁卫生，自来水厂在库区竖了许多“禁止游泳”的牌子。但效果并不理想，人们照游不误。后来自来水厂换了所有的禁止类的标语，公告牌上写有：“你家用的水来自这里，请保持清洁卫生。”结果，库区中的游泳者就鲜见了。启示：这与其说是宣传用语的成功，还不如说顺应人性、尊重人性的成功。因为水库中的水与游泳者有了某种密切的利益联系。

有一幅“我为人人，人人为我”的漫画，以生活中的一个小矛盾开头，以人们合理妥当地解决了矛盾结束，发人深省，给人启迪。漫画画的是同处一个屋檐下的三户人家，中间一户，在其屋檐下搭了个雨搭，结果雨水流到左右两个邻居门前；左右邻居不甘示弱，又在中间门户雨搭的下面，分别搭了两个雨搭，结果左右两户人家屋檐下滴落的雨水全流到了中间门户前面；后来三户人家将三个雨搭连成一线，从此三户人家不用再受雨水淋漓之苦。漫画通过简洁的勾勒，突出了积极向上、团结协作的主题，体现了三户人家从个人利益出发，转变到从集体利益考虑的正确思想意识的形成过程。它启示人们做事要顾全大局，不要只顾个人利益。只有人人顾他人，才能创造出和谐美好的生活环境，于人于己都是有百利而无一害的。试想，三户人家若最终不是从他人角度出发，仍旧只顾个人利益，那么带来的不单是受雨水之苦，更多的是无休止的争吵。由此可见，正确的处事态度应当是事事从大局出发，在不妨碍他人利益的前提下，再考虑个人利益。在此，我们也学到了解决矛盾的方法。当矛盾出现后，三户人家正确分析了矛盾出现的原因，从而找到了令人称道的解决方法。我们都知道三个和尚挑水吃的故事，由于三个和尚都只从个人利益考虑，谁也不愿吃亏受累，结果导致无水喝。这就是他们在矛盾出现后未找到合理的解决办法，最终只能望河兴叹，令人发笑。而三户人家的做法，正是给“三个和尚挑水吃的故事”续写了一个完美的结局。生活中的小摩擦、小矛盾随处可见，只要我们抱着正确的处事态度，矛盾自然迎刃而解。只要我们真诚地对待生活中的人和事，他们也终将还我们一份真诚。

每一个企业，每一个相对独立的工作环境，在安全的层面上都是一艘“泰坦尼克号”，大家的安全是绑在一起的，这是安全生产的集体特征。

第二节　千里之堤，溃于蚁穴

——安全生产的整体属性

大水未来先筑坝，事故没来早预防。

一处蚁穴毁掉千里长堤，一人疏忽破坏百年大计。

职工是安全生产的实践者，更是安全生产的最大受益者。

抓安全要从标准、行动、措施、作风、合力五个方面着手，统筹兼顾。

（1）标准要高。“高标准、讲科学、不懈怠”的要求，首要就是高标准。抓安全尤其如此。要把高标准作为抓安全的一种理念和原则。有了高标准的思想，才会有高标准的安全。如果我们的标准不高，工作就会凑合，检查就会随意，安全就会出现薄弱环节。

（2）行动要快。对安全问题始终要保持如临深渊、如履薄冰、如坐针毡的忧患意识，始终保持不解决问题就食不甘味、坐不安席的责任意识，做到时不我待。发现问题能立即解决的即刻解决，能不过夜的不要过夜，一时半会不能解决的，要立即采取预防措施，消除安全隐患。无数事故证明，置之不理，议而不决或者久拖不决就容易酿成大祸。

（3）措施要实。安全是干出来的。要以实干换安全，以汗水保安全。在安全上，要盯住不落实的事，盯住不落实的人，实现闭环管理。闭环管理就是要查找定问题，实施定标准，推进定时限，检查定责任，考核抓闭环。形成闭环后，问题就可以不断地被发现，不断地被解决，不断地被改进。实践证明，在抓落实上这是行之有效的办法。

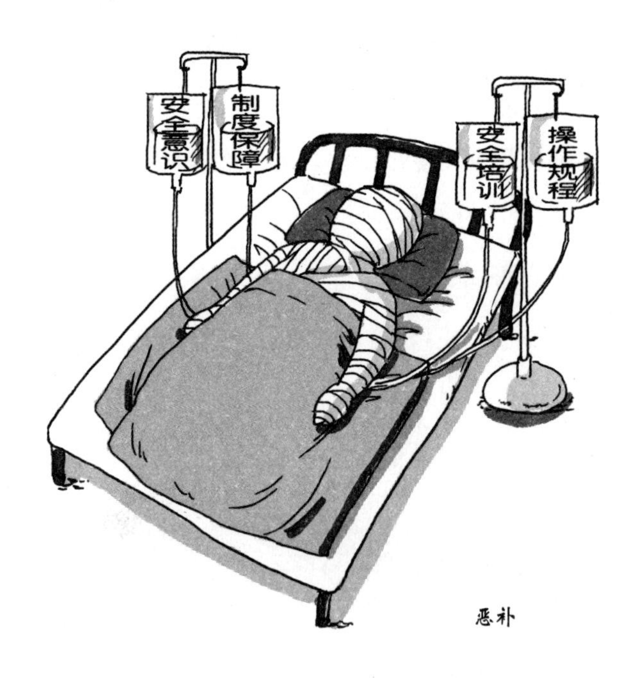

（4）作风要硬。俗话说，“严是爱，松是害，松松软软垮下来”。在安全上，管理要严起来，手腕要硬起来，做到“宁听骂声，不听哭声”、“宁做恶人，不当罪人”。实际上，严格要求也是对职工的爱护。要通过严格管理来提高职工素质，纠正不良习惯，狠抓不良风气，消除安全隐患。对作业纪律、劳动纪律尤其要严，克服那种“职工干惯了，干部看惯了，大家习惯了”的现象。在严格管理的同时，也善于把安全的理念和要求融合在文化建设的氛围当中，融合在人文关怀的温馨提醒当中，让职工意识到“我要保安全”，如此，安全就会有更好的保障。

（5）合力要强。确保安全是党政工团各级组织、全体员工的共同责任。安全事关企业的每一名员工，安全把大家结成一个命运共同体。形成合力，关键是要强化责任意识、主动意识和配合意识。对安全生产的事要主动过问，主动承担，积极配合。

要充分地看到安全生产过程的险象环生。要始终做到谦虚谨慎，克服麻痹松懈、畏难厌战思想，保持如履薄冰、战战兢兢的安全工作状态。

用安全文化理念武装员工头脑，指导公司安全工作实践，坚持从严管理安全不动摇，坚持精细化管理安全不动摇，坚持规范化管理安全不动摇。

（1）“两个安全”，即“成也安全、败也安全”的企业生存发展理念；

（2）“两个务必”，即“安全务必优先、安全务必从严”的安全管理理念；

（3）“两个不要”，即“不要带血的效益、不要带命的产量”的安全价值理念；

（4）“两个不用”，即“冒险的干部不重用、冒险的员工不聘用”的安全用人理念；

（5）“四句话”，即“灾害不讲客观，生命只有一次，健康才会幸福，违章必定受罚”的安全哲学理念；

（6）“三个宁愿”，即“宁愿少出产品、宁愿少进度、宁愿多投入也要确保安全”的安全效益理念；

（7）“三严”，即“严管、严教、严罚”的安全管理理念。

同时，探索员工安全意识强化方法：

统揽——用公司安全文化理念统揽安全工作全过程；

挂钩——将安全工作与工资分配挂钩、与管理人员职位挂钩、与员工岗位挂钩；

坚持——坚持安全幸运星评比抽奖制度、严重“三违”人员上一级谈话制度、安全警示教育制度、“三违”人员过八关制度、安全处罚可选择制度。

着力抓好人才开发、各级班子建设、区队安全能力建设、员工队伍建设，提升各级安全执行能力。

安全工作关键在人，要坚持不懈地抓好员工的培训、培养工作。要进一步加强以“和谐、务实、奋进”为核心的各级班子建设，以“吃苦耐劳、刚毅顽强、团结奉献”为特征的员工队伍建设，以安全能力建设为宗旨，不断提升全员的安全驾驭能力与执行能力。

坚持安全一票否决和一切分配首先与安全挂钩。

在管理人员的任免上，以安全绩效为第一考量。在安全工作的考核上，一律不讲客观。在分配的结构上，将安全提升到最大可行权重。

努力确保决策本质安全。

要坚持依靠科技、尊重规律、实事求是的作风，充分发挥以总工程师为首的技术管理体系的作用，全面遵循科学、严谨、依法决策，将安全文化、安全技术、安全设施、安全员工打造成固若金汤的安全长城的指导思想，深入开展安全建设活动，强化安全基础工作，把抓好重大事故的防治作为第一要务。

某单位一名机加操作者在C620车床加工一根长3100毫米、直径40毫米钢棒，装卡后工件超出主轴尾端1250毫米，转速由原来的230转/分变为600转/分时，将露出主轴的钢棒甩弯，打中了路过车床的顾某头部，当场死亡。

这起事故的主要原因是加工材料过长，转速过高且未安装防护托架而造成的。在事故的调查过程中，该单位曾发生过料长甩弯打坏工具箱等事情，但没有引起领导的高度重视，使事故隐患没有得到及时消除，加之操作安全意识淡薄，图方便省事，存在侥幸心理。因此，发现事故隐患必须立即整改，侥幸要不得。

27岁的北京某煤矿岩石段的一名副班长，从事装岩机司机工种已五年。有一天，当他在井下操作铲斗电动装岩机行走时，机器落道，机身突然与底盘掉向，底盘拧向巷道左侧，机身甩向巷道右侧并向他扑来，因躲闪不及，将其挤在巷帮上，虽迅速救出，但因胸腹被挤，肝脏破裂，大量出血，使他过早离开了人世。

经查，导致这次事故发生的直接原因是设备严重带病运行。现场勘察，该机机身与底座的四个紧固螺丝仅留一个，左侧操作把手与按钮亦不齐全，司机操作的踏板早已不复存在，其他部位缺 6 个螺丝，“病残”程度极为严重。《事故调查报告书》中明白无误地写着：这是一部不能使用的设备。

设备管理和维修不到位是事故发生的直接原因。该局《煤矿安全生产操作规程》明文规定“铲斗装岩机司机负责对机器的日常维护工作，接班后需试车，检查发现问题及时处理……”；作业中要求“检修工有协助司机对设备进行检查维护的责任”；“段在替换设备时应对设备做好检查维护……”。但这台机器投入运行其管理情况是：司机上岗后未对该机进行检查和维护，当班检修工在该机使用前仅做启动性能检查不做全面检查，该机调运中损坏的操作把手和电钮等段均未修复即使用。

令人深思的是，该矿 1991 年前曾一次评为市设备管理先进单位，如果本企业对设备管理的好作风能延续至今，如果司机、检修工都能按设备的管理和维修规定办事，事故绝不会发生。而如今又为何出现设备带病运转呢？该矿的一些干部议论中总结出两点：一是在企业走向市场的新形势下，注重经济效益，重产出，轻投入，尤其是在安全上投入更少，应引以为戒；二是在转换机制中，企业不应忽视安全自我约束机制。如维修费由部、矿统一提取和计划使用改为各矿自主管理后，同样在安全上投入少了。在走向市场经济的当今，对安全管理如何强化自约机制，能按有关劳动安全标准、法规办事，这是摆在所有企业面前的一个重要课题。

某钢铁公司炼钢车间徐某操作起重机吊运重 1.8 吨的钢水包，准备将其放到平车上。当吊车开到平车上方时，由于钢水包未对正平车不能下落。地面指挥人员要徐某移动大车，徐某稍一转动大车操纵手柄，接触器头跳火，大车失控吊着离地 1 米高的钢水包向前疾驶，驶到 4.9 米处一名员工躲避不及被撞倒，又继续前走 5.7 米，直到挂住电炉支架，操作者才醒悟，将电源开关拉断，大车才停。被撞者经抢救无效死亡。

起重机大车制动器失灵是发生事故的直接原因，但操作者由于缺乏经验，发现意外没有及时切断电源总开关，以致发生这起死亡事故。严格执行起重设备安全规程，没有制动装置的或制动失灵的吊车不准使用，吊车驾驶员必须经过安全培训考试合格才准操作，是确保吊车安全运行的重要措施。

安全事故给人民群众身体健康和生命财产安全造成了巨大的损失和极大的危害，对企业形象造成了极为不利的负面影响，对问责人员的处理令人震惊。汲取事件沉痛教训，促使我们进一步认清两个安全仍将是今后相当长一段时间的工作重心。因此，我们必须明确：千万不能因工作失误而让事故发生，千万不能因工作失职而让系统荣誉蒙羞，千万不能因工作失查而让人民群众利益受损。

千里之堤，溃于蚁穴。我们要以此为鉴，举一反三，亡羊补牢，切实将作风建设放在突出重要位置，以全方位的视野，在全体人员、全部工作领域中，全面反思、全面查找、全面完善、全面改进、全覆盖地强化责任落实，使人人思想受教育、灵魂受触动；样样行为受启发、受规范；项项工作高标准、严要求。只有这样，悲剧才不会重演，事业才会发展。

第三节 以人为本，生命至上

——安全生产有社会共识

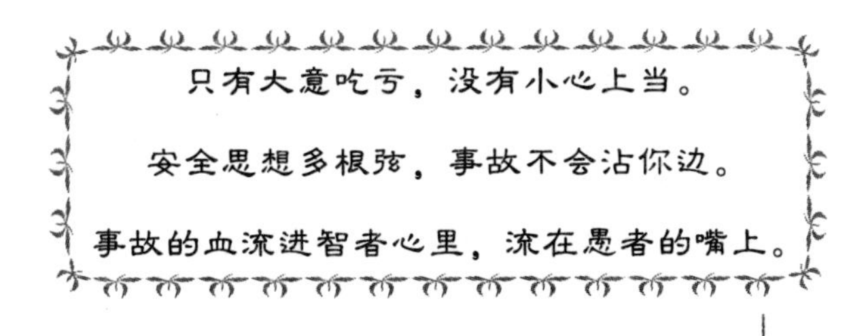

国家主席胡锦涛曾强调："要把安全文化建设纳入精神文明建设统一部署。"安全文化是指社会和个人在安全方面的意识、观念、法规、态度、知识以及能力的综合表现，包括安全观念文化、安全管理与法制文化、安全行为文化和安全物态文化。安全文化的作用是通过对人的观念、道德、伦理、态度、情感、品行等深层次的人文因素的强化，不断提高人的安全素质，潜移默化地改进其安全意识和行为，从而使人们从被动地服从安全管理制度，转变成自觉主动地按安全要求采取行动，即从"要我遵章守法"转变成"我要遵章守法"，变"要我安全"为"我要安全，我能安全"。

安全意识、安全素质是一种软实力，也是科学发展的良好助推器。当安全文化深深根植于员工心田、溶入员工血液、演变成为一种强烈的文化自觉时，安全就会充盈每一个角落，安全之花就会开遍全社会，从而为全社会安全发展保驾护航。

文化自觉靠学习得来，并需要时间的沉淀。人非圣贤，孰能无惑。安全知识的学习更要靠日常点滴的积累熏陶。2007 年"感动中国"的人物——深圳 7 岁小女孩，就是因曾学习过煤气中毒的知识从而救了自己的父母，这件事说明安全知识学习普及的重要。此外，要让安全成为一种文化，不是一件轻而易举的事，需要长期、艰苦的熏陶、积累与传承。安全意识的确立、安全观念的形成、安全习惯的养成、安全技能的提高、安全作风的培养，都绝非一蹴而就，需要通过长时间多途径的不断磨炼固化，才能使之真正落地生根。

构建社会主义和谐社会，是党中央从全面建设小康社会、开创中国特色社会主义事业新局面的全局出发的战略决策，适应了我国改革发展进入关键时期的客观要求，体现了广大人民群众的根本利益和共同愿望。安全管理工作坚持以人为本，着力在打造 HSE（健康、安全与环境管理体系）文化上下工夫，努力为构建社会主义社会贡献力量。

一、“以人为本”的文化是核心理念

企业作为构成社会的基本细胞，如果不能实现安全生产，难以保障员工的安全健康，就无从奢谈和谐。实现安全生产，不仅是企业有效持续发展的内在要求，而且是企业应尽的社会责任。无论哪一个企业都有责任、有义务担负起安全生产的重任。尤其在新领域，安全管理难度更大。因此，把“以人为本、安全第一”的理念上升到企业发展战略的高度来认识，真正把职工的生命安全、健康放在第一位，全方位、多层次地打造 HSE 文化，目的就是不折不扣地搞好安全生产工作。

心理学家马斯洛的需要层次论认为，人有多种需要，人的需要是由低到高划分层次的。他把人的需要分为 5 个层次，由低到高依次是生理、安全、社会交往、尊重和自我实现。由此看来，安全和生理都是人的基本需要。HSE 文化，其实质就是让人安全的文化。人是生产关系中最活跃最重要的因素，要构建安全生产体系必须以人为本，以人为前提和出发点，以人为目的和落脚点。这是安全生产文化的精髓所在，也是打造和谐企业、构建和谐社会的题中之意。

始终坚持把建立共同的以人为本的安全意识、安全态度、安全信念和安全价值观为主要内容的和谐的 HSE 文化放在首位。在领导层，积极倡导“管理之谋，预防为上；安全之本，以人为天”的安全理念，倡导把隐患和问题当作事故进行“四不放过”处理的管理思想；在管理层和操作层，不断强化“我要安全、我会安全”的安全意识，倡导“一切事故都是可以避免的”、“一切事故可以归纳为管理上的失误”的基本认识，反复宣讲“安全才能生产、安全才有效益、安全才能回家”的安全生产价值观。诸如这些理念，只有首先得到企业领导层、管理层和操作层的认同，并真正成为自己的行动指南，才能营造出安全生产文化播种、生根、茁壮成长、开花结果的适宜气候。这里所说的认同，指的是融化于脑、凝结于血、表现于行。

当然，接受新事物都需要一个过程，甚至要考验我们敢于面对矛盾的决心和善于解决矛盾的能力。在体系的策划阶段就对局、厂领导干部和机关处（室）长展开培训，培训工作由党政一把手亲自组织，主管领导和安全处长亲自授课。对管理层，坚持按照“感受自己谈、责任自己定、方案自己拿、文件自己写”的“四自”原则落实机关各部门的责任，从而使部门参与 HSE 管理的意识和主动性大大增强。

领导层和管理层对共同观念的认同，犹如为顺利推进安全生产价值观管理体系铸造了一台发动机。这台发动机始终驱动着企业安全生产文化建设的实践和探索，引领着企业安全工作连年跃上新的台阶，并使之始终朝着打造和谐社会、构建和谐社会的方向持续迈进。

二、全员参与安全生产价值观文化

过去，安全可以说是一种“要我安全”的被动管理模式，上级管下级，干部管工人，用强制性的要求和约束来形成员工的安全行为，其效果往往不是很理想。为什么？因为员工一直处于被动的地位，而不是主动地接受安全管理，没有形成“我要安全”的理念，缺乏能动性。而员工的能动性从哪里来？它来自员工长期形成的意识和潜意识及潜移默化的习惯。这是企业文化解决的问题，或者准确地说，是 HSE 文化解决的问题。

文化的力量就在于它具有强大的渗透作用，它可以催发创造文化的主体——人的意识的觉醒，最终变成自觉的行动。形成了一个特定的“关注安全、关爱生命”的安全生产价值观文化场，吸引着广大员工乃至家属的广泛参与。它的特别之处，就在于党、政、工、团等各部门齐抓共管，在教育途径和教育内容上推陈出新。除了正常的培训、企业媒体大力宣传等传统方式，我们运用诸多富有新意的文化形式，寓教于乐，寓教于生活，教育内容上力求丰富多彩，使安全教育具有知识性、趣味性。

弘扬以安全生产文化为主题的“我与安全同行”演讲比赛和大型安全文艺演出等丰富多彩的群众性文化活动；以“说身边安全事，演身边安全人”为主题，利用业余时间自编自演了歌舞、小品、快板、相声等群众喜闻乐见的节目；根据传统节日人们的生活规律，以短信友情提醒的形式为广大员工发送安全短信，“安全生产月”期间，又利用企业有线电视举办了“重大应急预案展播”竞赛活动和群众有奖参与应急救援知识答题活动；在办公区域、社区车棚橱窗、街头巷尾、公交车上以及危险场所、 车队，统一设计人性化的安全警示牌和宣传标语；与此同时，设计制作了《安全常识手册》、安全知识扑克等安全文化产品，并把这些产品发放到社区、学校乃至每一个家庭；为了鼓励员工及时发现和排除险情，开展了“安全排险标兵”评选活动，劳动竞赛评选活动授予“安全卫士”称号等。

通过积极的教育灌输和文化渗透，渐趋成熟的全新的观念文化、制度文化、执行文化的理念如春风化雨般渗透到群众的心田，广大职工、家属在不知不觉中受到安全生产文化的教育和熏陶，接受了安全生产理念；在潜移默化中增强安全意识，普及安全知识；员工自愿服从管理，自觉参与管理，自主开展岗位危害识别，主动实施 HSE 行为，初步形成“人人要安全、人人会安全”的浓郁氛围。使广大职工群众成为积极践行安全生产体系的主力军和最终受益者，使企业的安全生产体系建设拥有更加肥沃的土壤和更为牢固的根基。

第四节　和谐关爱，职业道德

——安全生产的第一道防线

好花不精心培育，就要枯黄。生产不注意安全，迟早遭殃。

放任不管不如剪枝除蔓，严厉制止胜过甜言敷衍。

班前讲安全，思想添根弦。

每当想起父母殷殷的叮嘱，爱人倾心的期盼，孩子烂漫的言笑，就会使每个人在内心深处产生一种柔情的、温暖的感觉，这就是亲情，它是人的一种天性，可以使人发挥出意想不到的潜能。

因此，某矿企在安全文化建设中借助这种亲情的感染作用，就采取相应的作法，收到事半功倍的效果。他们还认识到人本管理重情，以情感人、以情育人在企业安全文化建设中具有潜移默化、感染熏陶的重要作用。为此，利用班组文化建设园地活动这个载体，开展班组长夫妻安全知识问答、家庭安全文艺演唱会等活动，通过安全知识问答、丰富的文艺节目，让班组长体会到亲人对自己安全的期盼、健康的挂念，从而促使他们自觉抓好班组安全管理，确保班组实现安全生产。同时，他们还坚持把对职工安全上的关心融入送温暖活动之中，组织群监会、安全协管员开展了为职工送温暖到井口和安全文化、安全知识宣讲到区队、安全跟踪帮教到区队、安全文艺节目演出到区队“三下区队”活动，浓厚了安全氛围。随着企业用工制度的不断改革深化，农民合同工（简称农合工）在煤矿职工队伍中占的比例越来越大，已成为煤炭企业的强大生力军，成为企业改革发展不可或缺的一支重要力量。绝大多数农合工朴实勤俭、吃苦耐劳、敢打敢拼，是一支叫得响、冲得上、拿得下、干得好的优秀团队。

但是，由于受教育程度、自身素质等因素的影响，部分农合工也程度不同地存在着安全技术素质差、业务不熟练、自由散漫等现象，严重危及了班组的安全、质量、生产等各项目标的完成。在开展“班组安全文化”活动中，从农合工思想实际出发，在充分尊重和维护农合工群体民主权利和切身利益的基础上，针对农合工普遍存有的临时观念和雇佣观念、主人翁责任感比较淡薄的实际，开设了“职业教育课堂”，邀请区队农合工先模人物讲解个人成长经历，从而增强了农合工对企业的认同感和归属感。另外，他们还注重加强人性化管理，在管理制度上做适度倾斜，比如在过秋、过麦季节，适当给农合工延长事假，对家中确实有事的农合工照顾出勤抵押，管理人员主动改善管理方法，平等对待农合工，积极引导他们牢固树立“进了一家门，就是一家人”以及“我为企业奉献，我靠企业致富”的思想意识。针对单身职工家在外地，生活上缺少亲人的关心照顾、工作中缺乏自主保安意识等不安全因素，女工委开展了亲情系安全“连心卡”真情传递活动。协管员对所联保区队的农合工的工作、生活、家庭等状况全面了解，打印制作亲情系安全“连心卡”，每月一次将农合工安全、出勤、工作任务完成情况等，填写到“连心卡”上，以书信的形式邮寄到农合工家中，形成亲情系安全互动网络。

同时，广泛开展了“家的温暖在身边”系列活动。组织女工和协管员到单身宿舍，帮助农合工洗衣服、收拾床铺、打扫卫生，每逢节假日，有的协管分会还自费购买一些蔬菜、鸡蛋、肉类等食品，在单身宿舍与农合工一起包水饺，与农合工共度佳节、过集体生日，以浓浓亲情感召他们。自班组安全文化建设园地活动开展以来，先后有 13 名农合工担任了班组长、副工长，3 名农合工被矿聘为副区长，走上了区队管理岗位，成为了农合工的佼佼者，使农合工真正认识到了只要干得好、表现好，农合工照样也能政治上进步、业务上成才。

就西方文化来说，“工具理性”与“人性关怀”都具有深远的历史渊源。按照卡尔·波普尔的说法，“个体的人是一个工具，是人类总体发展过程中一个微不足道的工具”，这是西方社会文化“一个古老的观念”，拥有根深蒂固的历史文化渊源，由此也构成了西方现代化进程中始终难以摆脱的“拜物教”情结，始终威胁着社会的和谐与均衡状态。这一点，不仅很早就引起了早期社会主义倡导者的关注，更催生了马克思、恩格斯对于资本主义制度与价值体系的批判。至于此后不断出现的对于“现代性”的反思，都不约而同地触及了对“工具理性”的质疑。人们不仅从人类文化史、思想史方面进行了深刻反思，追溯到了黑格尔的理性崇拜、启蒙时代的历史偏颇，以及由此造成的现代社会日益严重的“人性关怀”的淡漠与失落现象，从不同方面呼唤着人性关怀的重建与复归。

表现在现代企业的和谐关爱，就是深层文化里安全责任和在社会所倡导的个人道德观念，关心人、爱护人、帮助人等；在对个人所期望的社会道德职业道德规范里，建立安全生产的第一道防线。

例如职业道德，就是同人们的职业活动紧密联系的符合职业特点所要求的道德准则、道德情操与道德品质的总和，它既是对本职人员在职业活动中行为的要求，同时又是职业对社会所负的道德责任与义务。职业道德是指人们在职业生活中应遵循的基本道德，即一般社会道德在职业生活中的具体体现，是职业品德、职业纪律、专业胜任能力及职业责任等的总称，属于自律范围，它通过公约、守则等对职业生活中的某些方面加以规范。职业道德既是本行业人员在职业活动中的行为规范，又是行业对社会所负的道德责任和义务。

职业道德的含义包括以下八个方面：

（1）职业道德是一种职业规范，受社会普遍的认可。

（2）职业道德是长期以来自然形成的。

（3）职业道德没有确定形式，通常体现为观念、习惯、信念等。

（4）职业道德依靠文化、内心信念和习惯，通过员工的自律实现。

（5）职业道德大多没有实质的约束力和强制力。

（6）职业道德的主要内容是对员工义务的要求。

（7）职业道德标准多元化，代表了不同企业可能具有不同的价值观。

（8）职业道德承载着企业文化和凝聚力，影响深远。

安全文化建设是安全管理的基础，是企业文化建设的重要组成部分和企业生存发展的需要，也是推进安全监管工作向深层次发展的需要。加强安全文化建设，对促进职工安全素质和企业本质安全水平的提高非常必要，意义十分重大。

（1）树立安全理念。安全理念是安全文化建设的重要环节，其内容丰富广泛。首先，安全生产保护的直接对象是人，企业安全生产的基本前提也是人的安全，所以，第一安全理念非“安全发展、以人为本”莫属，我们必须从“保障生命，安全发展，保障人权，关爱生命”的高度来重视安全生产工作，把追求企业利润的最大化建立在职工安全健康的基础上，关心爱护每一位职工，牢固树立“安全发展、以人为本”的安全理念。其次，安全生产重在预防，企业生产经营管理者，特别是法人代表，对涉及安全生产的事项，要优先安排，做到措施有效、资金到位，从根本上消除各类安全隐患，真正树立起预防为主的安全理念。再次，安全生产是保护人的生命的事业，人的生命只有一次，生命无价，责任重大。我们要具有安全生产无小事的思想，事事人人、人人事事想安全、抓安全、管安全、保安全，真正树立起责任重于泰山的理念。最后，安全是责任、安全是效益、安全是成绩、安全是生命……安全如坐针毡、如临深渊、如履薄冰。

（2）意识安全理念。没有源头，没有终结，也没有固定的形式，关键在于人们的意念，它体现在每个人的行为中，若流于形式，再完美、华丽的安全理念也只是一些花言巧语……安全生产信息交流主要以服务企业安全为宗旨，面向社会、面向企业、面向基层、面向生产一线……全面广泛。我们要借助各专业、各领域专家、各媒体的优势，加强安全生产信息交流，营造安全生产浓厚的社会氛围，帮助企业建立安全生产自律机制和规范的自我管理行为。

（3）创造安全环境。安全生产是一个全方位复杂的持续不断的动态过程，即涉及生产过程中的物、设备、卫生等各类作业环境，无论哪一方面出现漏洞都会产生事故隐患，甚至酿成生产安全事故。安全生产工作必须眼观六路、耳听八方，全方位跟踪，警钟长鸣，才能确保各系统的安全。我们要走可持续发展的路子，不断改进工艺条件和作业环境，加强对多变环境中不安全因素的风险识别和预测，提高防范风险、防范事故的能力，消除事故隐患，实现各因素间的最佳匹配，给职工提供一个舒适、安全的作业环境，实现本质安全，促进安全生产。

（4）规范安全管理。安全管理是安全生产工作的基石，只有在规范管理的基础上，才能谈得上安全。安全生产从企业的内部看是一个有效的管理过程。一个有效的管理过程是靠科学管理制度的付诸实施才能得以实现的。各企业必须按照国家的安全生产法律、法规、规章、标准、规程，制定一系列行之有效的安全管理制度，包括设备安全技术规程和安全操作规程，并坚持不懈地贯彻执行，坚守岗位职责，坚持做到管理到位，促使工作经常化、制度化、规范化，为企业安全生产提供有力的保障。

（5）端正安全态度。态度促进责任，进而规范行为，态度在一定程度上对成败具有决定性的作用。无论我们做什么事情，首先要有一个端正、良好的态度，安全工作尤为如此。我们要以责任重于泰山的态度对待安全生产工作，对职工多进行安全态度教育，引导他们确立端正、良好的安全态度，以便自觉地执行安全生产各项规章制度，增强安全意识，规范操作行为。

（6）培养行为习惯。安全事故的发生不是因人的不安全行为引起就是因物的不安全状态引起，人的不安全行为是安全生产最大的隐患之一，所以行为习惯非常重要。违章操作是一种高频率发生的不良行为，是在长期的习惯中养成的一种人为失误，在各行各业安全生产工作中屡见不鲜。违章者往往粗心大意、心不在焉；或者是为了“图省事”，为了所谓的“走捷径”，认为以前工作中别人也是这样做的，并且都没有出事，自己这样干肯定也不会有事；或者平时就不学习，缺乏基本的安全知识和技术水平，一旦遇到紧急情况或单独工作就容易违章操作，以致酿成悲剧。这些足以引起我们在思想、行动上的重视，必须引以为戒，坚决纠正各种不安全行为，严格按章操作、遵守制度，在日常工作中不断培养我们安全、良好的行为习惯。

（7）提高知识技能。安全知识和操作技能是安全生产工作的硬件因素，也是实现安全生产必备的条件。是否掌握过硬的安全知识和操作技能，事关生命、健康和家庭幸福。那么，如何提高职工的安全知识和操作技能呢？一是要按照相关法律、法规规定，对各类生产经营单位相关人员开展培训教育，并经考核合格、取证后任职、上岗。二是在企业内部开展职工“三级”、“四新”安全教育，并经安全考核合格后上岗操作，坚决杜绝“四新”人员未经培训、考核合格单独上岗操作。三是通过职工自学、师傅带领以及职工自练自演等方式学习安全知识技能。通过扎实有效、持续不断的安全教育培训和职工自学，提高他们的安全知识、操作技能和安全管理能力，实现由“要我安全—我要安全—我会安全”的转变，从根本上消除“三违”现象，进而提高企业的本质安全水平。

（8）建立应急体系。安全生产应急体系建设是安全生产工作的重要组成部分，是落实以人为本的科学发展观、构建社会主义和谐社会的现实需要。我们要规范安全生产事故灾难的应急管理，及时有效地实施应急救援工作。一是建立健全各类应急预案。各生产经营单位要将安全生产应急预案建设作为一项重要工作予以高度重视，成立专门的安全生产应急预案编制修订完善领导小组，认真组织开展安全生产相关应急预案的编制修订工作。二是开展应急预案演练。我们要把演练习工作落实到实际中，提高各类预案的规范性、可操作性和科学性，提高应急管理水平和处置突发事件的实战能力，为进一步完善预案提供依据。三是加强应急体系基础建设。要从加强应急管理体制、人员、通信、物资、装备、专家组等方面入手，建立健全应急资源信息库，为应急管理工作提供组织、物资、装备保障，尤其要加快建立安全生产专家库，为安全生产应急管理提供技术支持和咨询服务。四是建立应急队伍和指挥机构。要建立具有快速反应能力的专业化救援队伍，提高救援装备水平，增强生产安全事故的应急反应和抢险救援能力。同时，要成立统一指挥、反应灵敏、协调有序、运转高效的应急救援指挥机构，一旦发生不测，保证救援工作高效有序地开展，防止一窝蜂、一拥而上的现象发生，避免救援工作的混乱无序。

第五节 铸就生命的安全长城

——安全生产的终极目的

严抓安全是关爱，疏忽放任是祸害。

安全生产勿侥幸，违章蛮干要人命。

不尽安全责任的生产，只能为事故制造条件。

一则消息称：南京有家公司，经理发现安全员没有按规定做好巡检，在其诚恳认错的情况下，经理还是严肃批评："我承认你巡查了，可九十九次好，不等于一百次都好。事故并不因为你做对了九十九次就不来找你，有一次就会毁了那九十九次防范。”开会教育之后，经理还做出了三项决定：一是让安全员检讨；二是按制度兑现考核；三是开展“九十九次与一次”的讨论。

事后大家认为这个经理太过较真，就算少一次安全巡检，值得这样小题大做吗？可思考之后觉得，这位经理从“安全管理不是挂在墙上的装饰品，而应是员工实实在在的行动”、“每天的工作都是考试，对待九十九次与对待一次其本质没有区别”等简单道理入手提升员工安全生产意识，实在是明智之举。

“每天的工作都是考试，对待九十九次与对待一次其本质没有区别”这句话对我们各行各业同样有着警醒效应。

众所周知，一个企业要提高安全生产系数，防范事故，巡检、督察等只不过是种形式，而其真正的灵魂却是持之以恒的行动。一句话，光有规定不行，关键是要做到位。笔者认为，企业要真正做到安全生产无事故，一要制定严格的规章制度；二要狠抓员工的安全意识；三要让所有规章制度走下墙来，成为广大员工自觉的、实实在在的行动，把每一次的工作都当作第一次，都当作是考试。只有这样，才能实现安全生产的目的，并最终实现企业经济效益。

诚愿我们企业的所有员工都能把握好“九十九次与一次”的关系，把每一次、每一天的工作都当作在考试，严格地执行各项规章制度。如此，就能实现安全无事故的目标，铸就生命的安全长城。

某企业组织机关干部进行安全生产知识考试，结果相当一部分人员成绩不及格。这种情况值得我们深思。有的企业在安全工作中经常组织一线职工进行安全技能培训和考试，开展安全应急预案演练，定期检查基层执行安全生产制度情况，却忽视了机关干部自身的安全学习和安全管理。作为管理者，这种企业的机关干部好似灯盏一样照亮了别处，却把自身隐藏在暗处。在安全工作中，要谨防这种“灯下黑”现象。

安全工作的“灯下黑”，实质上反映的是干部的责任心、思想作风、工作作风以及执行力等方面存在问题。有的企业机关干部对上级的决策部署、相关的规章制度、安全生产岗位职责等，不认真学习、理解和贯彻执行，只热衷于做表面文章，嘴上说得动听、口号喊得响亮、纸上写得漂亮。这种现象使安全管理的力度和成效从上至下层层递减，最终使安全工作难以实现预期的效果。

安全工作的决策与制度最终靠人来执行，如果执行中存在“灯下黑”现象，那么再好的决策部署、再完美的制度，都只能是墙上画虎，成为摆设。因此，抓安全必须切实防止“灯下黑”，要采取措施消灭机关干部的安全“盲区”。企业可以通过建立与执行安全工作述职汇报制度、定期检查考试制度、机关干部与基层安全责任点考核联挂制度、基层检查考核机关制度、安全事故问责制度等不断增强机关干部的责任心，提高安全工作的执行力。

一是要从讲政治的高度出发，进一步提高对安全工作重要性的认识。安全事故不仅会造成很大的经济损失，同时也会造成不良的政治影响和社会影响。重视安全就是讲政治。因此，提高广大干部职工对安全工作重要性的认识，切实抓好安全生产工作，是讲政治的充分体现。

二是要从讲大局的角度出发，正确处理好安全和生产的关系。党的十六届六中全会提出构建社会主义和谐社会的目标和任务。而安全生产是构建和谐企业的前提。没有安全生产就谈不上企业的发展，没有安全生产也就谈不上企业的和谐，没有安全生产更没有企业的未来。因此我们一定要认真贯彻落实中央文件精神，从讲大局的角度出发，站在落实科学发展观、构建和谐企业的高度，牢固树立“安全第一、环保优先、以人为本”的理念，从维护职工群众的根本利益出发，以高度负责的精神正确处理好安全工作与企业效益、生产发展以及和谐企业建设的关系，切实抓好冬季安全生产工作，抓好车辆特别是危化品运输车辆的冬季安全运行，达到发展速度与经济效益、生产与生活、企业利益与员工家庭的和谐统一，努力实现公司安全发展、清洁发展、和谐发展。

三是要从讲责任的角度出发，切实落实安全生产责任制。要按照安全生产“谁主管、谁负责”的原则，进一步建立健全安全生产责任体系，公司将按业务板块划分成立相应的安全专业委员会，各分管领导兼任各安全专业委员会主任，并建立总的督察制度，明确各级领导、管理人员和员工的安全生产责任，逐级落实安全生产责任制，将安全生产责任层层分解落实到生产经营的各个环节、各个岗位和每一名员工，使每名干部职工都能对自己所管、所做工作的安全状况负全责。要优化安全生产组织和运输，进一步完善安全生产预案，推广“规定动作”，狠反“三违”，坚决把车速降下来。要努力建立安全工作长效机制和监督约束机制，使 HSE、GPS 等现代管理体系和管理手段真正发挥作用，实现本质安全。

第三章 你的行为安全吗？

海因里希安全法则告诉我们，大多数的工业伤害事故都是由于人的不安全行为引发的。

人的不安全行为，物的不安全状态是一系列构成事故的细小因素。

当安全依附人时，便是“人的安全”，当安全依附企业时，便是“企业的安全”。

第一节　什么是不安全行为

安全工作有三到：心到、眼到、手到。

穿草鞋早晚扎脚，毁设备迟早出事。

安全系着你、我、他，遵守规程靠大家。

安全是指没有危险、危害、损失。人类的整体与生存环境资源的和谐相处，互相不伤害、不存在危险的隐患，是免除了不可接受的损害风险的状态。安全是在人类生产过程中将系统的运行状态对人类的生命、财产、环境可能产生的损害控制在人类能接受水平以下的状态。安全指不因人、机、媒介的相互作用而导致系统损失、人员伤害、任务受影响或造成时间的损失。简单通俗的说法就是没有危险，是一种状态。没有危险包括没有外在的危险和没有内在的隐患危险。

按照著名的海因里希安全法则的研究，大多数的工业伤害事故都是由于人的不安全行为引发的，即使一些工业伤害的事故是由于物的不安全状态引起的，则物的不安全状态的产生也是由于人的原因、错误造成的。

海因里希认为，人的缺点源于遗传因素和人成长的社会环境。人的行为是受其心理控制的，行为是人心理活动表现结果的外在表现，但人的不安全行为

与其所在环境有着千丝万缕的联系，环境影响着人的心理活动。

事故是一系列、一件接着一件发生的，就是“一连串的事件”。人的不安全行为、物的不安全状态。

现在汽车已经成为人们生活的一部分了，从第一辆汽车发明以来，“车祸”这两个字亦成为人类生活的一部分。当车辆的性能越来越好而车祸仍然伴随着人们的生活，造成车祸的风险代价也越来越高。如何确保车辆安全，让汽车消费者获得最佳的保障，汽车安全设计成为现代汽车设计中最重要的一环。车子性能再好，配置再高，如果没有安全系数的保障、没有把人的生命放在第一位，车子的性能还会显得那么的重要吗？

有危险并不代表不安全，只要“危险、威胁、隐患”等（危险源）在我们的可控范围内，就可以认为其是安全的。所以，“安全”一词不是指绝对的安全。例如，在我们工作、生活的环境，危险是无处不在的，相信大家也能举出很多危险的例子（过马路、开车、操作设备等），但是不能因为这些危险的存在就说不安全，而是要看我们是否有确保安全的措施或对策，比如，过马路你是否走斑马线，是否走人行天桥或地下通道；开车前是否检查车况，刹车制动系统操控是否正常；操作设备时是否严格按照安全操作规程操作，设备是否有故障报警信号和紧急停运的保护装置；等等。面对危险是否有措施？措施是否有效？措施是否落实？这才是判断安全的有效方法。没有危险的安全状态几乎不存在。

一个已经处于自由落体状态下的人，不会因为他自我感觉良好而真正安全。一个躺在坚固大厦内一张坚固的大床上没有任何危险的人，也不会因其自己认为危在旦夕就真的面临危险。因此，安全是没有危险的状态，而且这种状态是客观的，也就是说不因人的主观意识而发生改变，没有危险作为客观的状态不是一种实体性存在，而是一种属性，因而它必然依附一定的实体。安全随着依附主体的改变而改变。当安全依附人时，便是“人的安全”，当安全依附企业的时候，便是“企业的安全”，当安全依附国家的时候，便是“国家的安全”。

一只老虎关在笼子里，一个人站在外面看，假定关老虎的笼子绝对安全可靠，那么虽然人作为主体并没有避免受老虎威胁的能力，老虎也有威胁人的能力、表现和行为，但是由于安全可靠的笼子的存在，便使人避免了老虎的威胁，使人处于“没有危险”的安全状态。

2011 年 7 月 29 日 8 时许，某县电业公司安监部和营销部分别接到湖润供电营业所副所长农某电话汇报，在湖润和化峒交界的峒牌分段开关下发生一起触电死亡事故。事故经过如下：27 日 16 时 54 分，峒牌回路 9125 发生接地故障，调度室值班员令湖润变电站值班员将峒牌回路 9125 开关切入冷备用状态，由湖润供电营业所和化峒供电营业所组织人员排查；17 时 30 分，湖润供电所断开峒牌分段开关，经过巡查测试，峒牌回路下段正常，遂向调度值班员申请试供峒牌回路；18 时 38 分试供峒牌回路 9125 线成功，化峒供电营业所且继续排查峒牌回路上段。7 月 29 日约 7 时，有人未经许可擅自投送分段隔离开关，导致其本人被触电，触电者为同德乡乐果村预制场业主农朝福；7 时30 分左右，当触电者被过往村民发现救出来时，已不治身亡。

经调查，事故的经过是这样的：事故发生地点为 10kV 峒牌回路 148 号杆水田地。9 时 40 分，以公司安监部、营销部和生技部有关人员组成的事故调查组会同公安局刑警队、同德乡政府和派出所到达现场时，触电者农朝福已被其家人抬到预制场。根据现场勘查，田埂离电杆约 1 米，隔离开关距地面为 5 米，杆上隔离开关已投上两相，未合上的 A 相支持绝缘瓷瓶崩裂小半边，跳线铜铝线夹端被烧断，固定避雷器横担的半圆包箍弧顶部被电弧击穿，并顺圆孔穿透到水泥电杆的钢筋，瓷瓶碎片和金属溶状物散落在电杆稻田四周，电杆根部周围水田呈混浊水泡和气孔，稻田里倒下触电者的身印尚清晰可见，操作隔离开关用的绝缘棒原被其亲戚收到预制场后又由同德派出所作为物证放回事故现场，绝缘棒无放电痕迹。死者的堂弟向调查人员反映，线路故障第二天下午 3 时，因预制场生产和生活急着用电，农朝福曾打电话向原化峒供电营业所所长李德生询问停电原因，李德生告诉他由于线路故障，新来的所长正在组织人员排查；但没想到第二天早上他会自己扛着绝缘棒去送电，而且出事了。同德派出所黄所长向峒牌村村民了解得知，约 7 时，有人看到峒牌分段隔离开关发出“噼噼啪啪”的响声并伴随有弧光，随之有一个人拿着一根木棒倒在电杆下。二十分钟后村民中有人认出是乐果村的农朝福，便告诉其住在本屯的姐夫，由他通知亲戚赶到事故点并向120 求救，待120 抢救人员到事故现场时，触电者农朝福已不治身亡。在现场勘查后，县公安局刑警队和派出所有关人员到预制场对死者进行尸检，尸检结果全身无明显电弧电击烧伤痕迹。

根据事故现场勘查和公安机关向有关当事人了解，该事故的主要原因为：

（1）死者法律意识和安全意识淡薄，在得知线路发生故障停电的情况下，强行投送隔离开关，当合上故障相刀闸时，由于线路接地短路，隔离开关没有灭弧装置，短路电流产生强大的电动力破坏隔离开关支持绝缘瓷瓶，造成连续短路，电弧烧断A相跳线，击穿避雷器横担的半圆包箍，并穿透到水泥杆的钢筋，电流通过电杆钢筋直接导入地下。当农朝福看到持续电弧光时，转身慌忙想跑，产生的跨步电压即将他击倒。

（2）农朝福未经许可，在没有监护人的情况下，不戴绝缘手套，不穿绝缘鞋，擅自强行操作电力部门的电气开关设备，造成设备损坏，本人因跨步电压触电身亡。

从事故现场勘查和事故调查综合分析，事故调查组认为该起触电伤亡事故是一起违反《中华人民共和国电力法》、《电网调度管理条例》和违章作业事故，属自身过错，由本人自行承担责任，理由有：

（1）死者农朝福在明知线路带故障的情况下，擅自操作属电业有限公司产权电气开关设备，造成设施损坏的行为已构成违反《中华人民共和国电力法》第五十条规定。

（2）未经电力部门调度值班许可，强行向线路投送电源，该行为违反《电网调度管理条例》第四章第二十条规定。

（3）无特种作业操作证（高压作业），不具备电气设备操作资质。

（4）在操作杆上电气开关设备时，身穿短裤和拖鞋，无监护人，不戴绝缘手套，不穿绝缘鞋，违反《电业安全工作规程》第二十五条规定。

一、人的不安全行为

1. 操作失误

主要原因如下：

（1）机械产生的噪声使操作者的知觉和听觉麻痹，导致不易判断或判断错误；

（2）依据错误或不完整的信息操纵或控制机械造成失误；

（3）机械的显示器、指示信号等显示失误使操作者误操作；

（4）控制与操纵系统的识别性、标准化不良而使操作者产生操作失误；

（5）时间紧迫致使没有充分考虑而处理问题；

（6）缺乏对机械危险性的认识而产生操作失误；

（7）技术不熟练，操作方法不当；

（8）准备不充分，安排不周密，因仓促而导致操作失误；

（9）作业程序不当，监督检查不够，违章作业；

（10）人为的使机器处于不安全状态，如取下安全罩、切除联锁装置等。走捷径、图方便、忽略安全程序。

2. 误入危险区

主要原因如下：

（1）操作机器的变化，如改变操作条件或改进安全装置时；如电气倒闸操作误入带电间隔；

（2）图省事、走捷径的心理；

（3）条件反射下忘记危险区；

（4）单调的操作使操作者疲劳而误入危险区；

（5）由于身体或环境影响造成视觉或听觉失误而误入危险区；

（6）错误的思维和记忆，尤其是对机器及操作不熟悉的新员工容易误入危险区；

（7）指挥者错误指挥，操作者未提出异议而误入危险区；

（8）信息沟通不良而误入危险区；

（9）异常状态及其他条件下的失误。

二、人的不安全行为分析

1. 侥幸心理

有侥幸心理的人通常认为操作违章不一定会发生事故，相信自己有能力避免事故发生，这是许多违章人员在行动前的一种重要心态。

心存侥幸者不是不懂安全操作规程，或缺乏安全知识、技术水平低，而是"明知故犯"；

他们总是抱着违章不一定出事，出事不一定伤人，伤人不一定伤己的信念。

2. 冒险心理

冒险也是引起违章操作的重要心理原因之一。理智性冒险，"明知山有虎，偏向虎山行"；非理智性冒险，受激情的驱使，有强烈的虚荣心，怕丢面子，有冒险心理的人，或争强好胜、喜欢逞能，或以前有过违章行为而没有造成事故的经历；或为争取时间，不按安全规程作业。

有冒险行为的人，甚或将冒险当做英雄行为。有这种心理的人，大多为青年职工。

3. 麻痹心理

具有麻痹心理者，或认为是经常干的工作，习以为常，不感到有什么危险，或没有注意到反常现象，照常操作。还有的则是责任心不强，沿用习惯方式作业，凭"老经验"行事，放松了对危险的警惕，最终酿成事故。

麻痹大意是造成事故的主要心理因素之一，其在行为上表现为马马虎虎，大大咧咧，盲目自信。他们往往盲目相信自己以往的经验，认为自己技术过硬，保证出不了问题（以老同志居多）；盲目自信往往是以往成功经验或习惯的强化。

4. 捷径心理

具有捷径心理的人，常常将必要的安全规定、安全措施当成完成任务的障碍，如为了节省时间而不开工作票、高空作业不系安全带。这种心理造成的事故，在实际发生事故中占很大的比例。

5. 从众心理

具有这种心理的人，其工作环境内大都存在有不安全行为的人。如果有人不遵守安全操作规程并未发生事故，其他人就会产生不按规程操作的从众心理。从众心理包括两种情况：一是自觉从众，心悦诚服、甘心情愿与大家一致违章；二是被迫从众，表面上跟着走，心理反感，但未提出异议和抵制行为。

6. 逆反心理

逆反心理是一种无视管理制度的对抗性心理状态，一般在行为上表现出“你让我这样，我偏要那样”、“越不许干，我越要干”等特征。逆反心理表现为两种对抗方式：显现对抗指当面顶撞，不但不改正，反而发脾气，或骂骂咧咧，继续违章；隐性对抗指表面接受，心理反抗，阳奉阴违，口是心非。

具有逆反心理的人一般难以接受正确、善意的提醒和批评，他们易坚持其错误的行为，在对抗情绪的意识作用下产生一种与常态行为相反的行为，自恃技术好，偏不按规程执行，甚至在不了解物的性能及注意事项的情况下进行操作，从而引发人身安全事故。

7. 工作枯燥、厌倦心理

从事单调、重复工作的人员，容易产生心理疲劳和厌倦感。

具有这种心理的人往往由于工作的重复操作产生心理疲劳，久而久之便会形成厌倦心理，从而感到乏味，时而走神，造成操作失误，引发事故。

8. 好奇心理

好奇心人皆有之，其是对外界新异刺激的一种反应。好奇心强的人容易对自己以前未见过、感觉很新鲜的设备乱摸乱动，从而使这些设备处于不安全状态，最终影响自身或他人的安全。

9. 逞能心理

争强好胜本来是一种积极的心理品质，但如果它和炫耀心理结合起来，且发展到不恰当的地步，就会走向反面。

10. 无所谓心理

无所谓心理表现为对遵章或违章心不在焉，满不在乎。持这种心理的人往往根本没意识到危险的存在，认为规章制度只不过是领导用来卡人的。他们通常认为违章是必要的，不违章就干不成活，最终酿成了事故。

11. 作业中的惰性心理

惰性心理指尽量减少能量支出，能省力便省力，能将就凑合就将就凑合的一种心理状态，其也是懒惰行为的心理依据。

12. 情绪波动，思想不集中

情绪是心境变化的一种状态。顾此失彼，手忙脚乱，高度兴奋或过度失落都易导致不安全行为。

13. 技术不熟练，遇险惊慌

对突如其来的异常情况惊慌失措，无法进行应急处理，难断方向。

14. 错觉下意识心理

这是个别人的特殊心态，一旦出现，后果极为严重。

15. 心理幻觉近似差错

莫名其妙的“违章”，其实是人体心理幻觉所致。

行为科学是研究人的行为的一门综合性科学。它研究人的行为产生的原因和影响行为的因素，目的在于激发人的积极性和创造性，从而达到组织目标。它的研究对象是探讨人的行为表现和发展的规律，以提高对人的行为预测以及激发、引导和控制能力。

“行为科学”正式定名于1949年在美国芝加哥大学召开的有关组织中人类行为的理论研讨会上。20世纪50年代以后，行为科学才真正发展起来。此后，福特基金会成立了“行为科学部门”（人类行为研究基金会）；1952年，建立了行为科学高级研究中心；1956年，在美国出版了第一期行为科学杂志。至此，行为科学在美国的管理学界风行起来，无论在理论方面还是在实践方面都有了长足的发展。

三、生产现场“5S”管理

“5S”是整理（Seiri）、整顿（Seiton）、清扫（Seiso）、清洁（Seikeetsu）和素养（Shitsuke）这5个词的缩写。因为这5个词语中罗马拼音的第一个字母都是“S”，所以简称为“5S”。开展以整理、整顿、清扫、清洁和素养为内容的活动，称为“5S”活动。

“5S”活动起源于日本，并在日本企业中广泛推行，它相当于我国企业开展的文明生产活动。“5S”活动的对象是现场的“环境”，它对生产现场环境全局进行综合考虑，并制订切实可行的计划与措施，从而达到规范化管理。“5S”活动的核心和精髓是素养，如果没有职工队伍素养的相应提高，“5S”活动就难以开展和坚持下去。

四、“5S”活动的内容

1. 整理

把要与不要的人、事、物分开，再将不需要的人、事、物加以处理，这是开始改善生产现场的第一步。其要点是对生产现场的现实摆放和停滞的各种物品进行分类，区分什么是现场需要的，什么是现场不需要的；对于现场不需要的物品，诸如用剩的材料、多余的半成品、切下的料头、切屑、垃圾、废品、多余的工具、报废的设备、工人的个人生活用品等，要坚决清理出生产现场，这项工作的重点在于坚决把现场不需要的东西清理掉。对于车间里各个工位或设备的前后、通道左右、厂房上下、工具箱内外，以及车间的各个死角，都要彻底搜寻和清理，达到现场无不用之物。坚决做好这一步，是树立好作风的开始。日本有的公司提出口号：效率和安全始于整理！

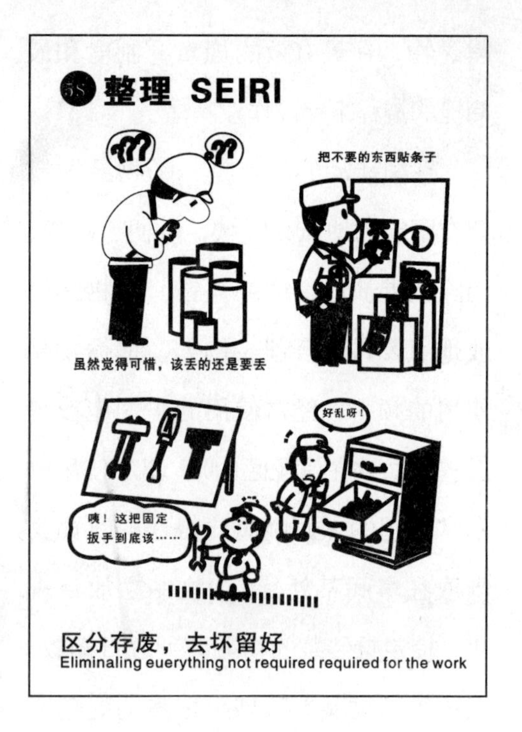

整理的目的是：①改善和增加作业面积；②现场无杂物，行道通畅，提高工作效率；③减少磕碰的机会，保障安全，提高质量；④消除管理上的混放、混料等差错事故；⑤有利于减少库存量，节约资金；⑥改变作风，提高工作情绪。

2. 整顿

把需要的人、事、物加以定量、定位。通过前一步整理后，对生产现场需要留下的物品进行科学合理的布置和摆放，以便用最快的速度取得所

需之物，在最有效的规章、制度和最简捷的流程下完成作业。

整顿活动的要点是：①物品摆放要有固定的地点和区域，以便于寻找，消除因混放而造成的差错。②物品摆放地点要科学合理。例如，根据物品使用的频率，经常使用的东西应放得近些（如放在作业区内），偶尔使用或不常使用的东西则应放得远些（如集中放在车间某处）。③物品摆放目视化，使定量装载的物品做到过目知数，摆放不同物品的区域采用不同的色彩和标记加以区别。

环境设备，擦拭干净
Cleaning up equipments ang work area

生产现场物品的合理摆放有利于提高工作效率和产品质量，保障生产安全。这项工作已发展成一项专门的现场管理方法——定置管理（其内容将在第三节进一步介绍）。

清爽干净，恒久保持
Keeping a clean tidy enuironment

3. 清扫

把工作场所打扫干净，设备异常时马上修理，使之恢复正常。生产现场在生产过程中会产生灰尘、油污、铁屑、垃圾等，从而使现场变脏。脏的现场会使设备精度降低，故障多发，影响产品质量，使安全事故防不胜防；脏的现场更会影响人们的工作情绪，使人不愿久留。因此，必须通过清扫活动来清除那些脏物，创建一个明快、舒畅的工作环境。

清扫活动的要点是：①自己使用的物品，如设备、工具等，要自己清扫，而不要依赖他人，不增加专门的清扫工。②对设备的清扫，着眼于对设备的维护保养。清扫设备要同设备的点检结合起来，清扫即点检；清扫设备要同时做设备的润滑工作，清扫也是保养。③清扫也是为了改善。当清扫地面发现有飞屑和油水泄漏时，要查明原因，并采取措施加以改进。

4. 清洁

整理、整顿、清扫之后要认真维护，使现场保持完美和最佳状态。清洁，是对前三项活动的坚持与深入，从而消除发生安全事故的根源。创造一个良好的工作环境，使职工能愉快地工作。

清洁活动的要点是：

（1）车间环境不仅要整齐，而且要做到清洁卫生，保证工人身体健康，提高工人劳动热情。

（2）不仅物品要清洁，而且工人本身也要做到清洁，如工作服要清洁，仪表要整洁，及时理发、剃须、修指甲、洗澡等。

（3）工人不仅要做到形体上的清洁，而且要做到精神上的“清洁”，待人要讲礼貌、要尊重别人。

（4）要使环境不受污染，进一步消除混浊的空气、粉尘、噪声和污染源，消灭职业病。

5. 素养

素养即教养，努力提高人员的素养，养成严格遵守规章制度的习惯和作风，这是“5S”活动的核心。没有人员素质的提高，各项活动就不能顺利开展，开展了也坚持不了。所以，抓“5S”活动，要始终着眼于提高人的素质。

关于人的需要和人的行为规律的研究主要有以下几个方面：

（1）马斯洛的需要层次理论。亚伯拉罕·H.马斯洛（AbrahanH.Maslow）在1943年发表的《人类激励的一种理论》一文中提出了需要层次理论。它把人类的各种各样的需要分成五种不同的需要，并按其优先次序，排成阶梯式的需要层次：自我实现的需要、尊重需要、归属需要、安全的需要和生理的需要。

（2）赫茨伯格的双因素激励理论。赫茨伯格（F.Herzberg）在1959年与别人合著出版的《工作激励因素》和1966年出版的《工作和人性》两本著作中，提出了激励因素和保健因素，简称双因素理论。赫茨伯格在美国匹兹堡地区对200名工程师和会计人员进行访问谈话，了解他们在什么条件下感到工作满意，什么条件下感到不满意。他调查的结果发现，使职工感到满意的都是属于工作本身或工作内容方面的，称为激励因素；使职工感到不满意的都是属于工作环境或工作关系方面，称为保健因素或维持因素；保健因素不能起激励职工的作用，但能预防职工的不满。

（3）弗鲁姆的期望理论。弗鲁姆（Y.H.Vroom）在1964年发表的《工作和激励》一书中，提出了期望概率模式。以后又经过其他人的发展补充，成为当前行为科学家比较广泛接受的激励模式。

（4）斯金纳的强化理论。斯金纳（B.F.Skinner）认为，人的一种行为都会有肯定或否定的后果（报酬或惩罚）；肯定的行为就有得到重复发生的可能性，否定的行为以后就会不再发生。强化理论有助于人们对行为的理解和引导，因为一种行为必然会有后果，而这些后果在一定程度上会决定这种行为是否重复发生。

（5）斯坎伦和林肯的计划。斯坎伦和林肯都是企业家，也是行为科学理论的应用者。斯坎伦（J.N.Scanlon）提出的斯坎伦计划，强调协作和团结，采用集体鼓励的办法。他提出的计划规定，凡因工人就减少劳动成本提出建议而使劳动成本减少的，工人可以得到奖金。但这奖金不是发给提议者个人，而是在工厂或公司范围内由工人集体共享。

林肯（J.F.Lincoln）提出的林肯计划，强调满足职工要求别人承认其技能的需要。林肯认为，激励人们工作的动力，主要不是金钱或安全感，而是要求对其技能予以承认。所以他提出一个计划，要求职工最充分地发挥他们的技能，然后以"奖金形式"来酬谢职工对公司的贡献。

（6）麦格雷戈的 X 理论和 Y 理论。麦格雷戈（D.Mcgregor）的"X—Y 理论"是人性理论研究中最突出的成果。他在《企业的人性方面》一书中提出了有名的"X—Y 理论"的人性假定。在麦格雷戈看来，每一位管理人员对职工的管理都基于一种对人性看法的哲学，或者说有一套假定。

目前，行为科学的研究对象主要有以下几个方面：①研究人类行为产生的原因，目的在于激发动机，推动行为；②研究人类行为的控制与改造，目的在于保持正确的有效行为；③研究人类行为的特点，如个人行为、领导行为、群体行为、组织行为、决策行为、消费行为，目的在于促进组织的发展；④研究人与人的协调，目的在于创造一种良好的激励环境，使人们能够持久地处于激发状态，保持高昂的情绪、舒畅的心情，充分发挥潜能。

工业心理学是一门研究人类工作行为的科学，因此通常安全心理学也被视为行为科学的一个分支。但是，安全心理学有其自己独立的科学体系，它偏重研究在工业生产中人的安全行为。

五、人类工效学与安全心理学

人类工效学（Ergonomics）又称人机工程学，它是近50年来发展起来的一门新兴的边缘学科。它综合心理学、生理学、人体测量学、工程技术科学、劳动保护科学等有关理论，研究人和机器、环境之间的关系，目的在于最大限度地提高工作效率和保证人在劳动过程中的安全、健康和舒适。人类工效学的研究对象主要包括三个方面：

1. 人的方面

研究人体测量学（提供人体各部分尺寸的大小、活动范围等方面的数据）、人体生物力学（包括肌力、耐力、运动的方式、速度和准确性等）、劳动时人体生理功能的改变和适应、人的心理状态、工作能力及其限度、疲劳、劳动强度、工作姿势、劳动组织方式及工作时间（如轮班制、工作分析、动作时间研究等）、人的功能特性及人在人机系统中的可靠性等。

2. 机器设备方面

研究机器设备和工具（包括汽车、飞机、火车、轮船、宇宙飞船、家用电器、家具、工具、文具、图书、衣服鞋帽、成本设备、安全装置、城市设施、住宅设施等）的设计如何适合人的生理、心理特点及要求，以达到便于操作、减轻体力负荷、保持良好姿势、保证安全和舒适。研究各种显示器、控制器如何适应人的感官和操作。

3. 环境方面

研究工作场所合理的设计，保证工作环境良好的条件，如适宜的色彩、合理的照明条件等，清除和控制环境中的有害因素（如噪声、振动等）。

由以上所述的工效学研究对象可见，工效学所研究的内容大抵相当于工业心理学的工程心理和环境心理部分，工效学着力于实际应用，而工业心理学则比较偏重于从心理学角度进行研究，安全心理学更偏重于从心理学角度研究安全问题。一般认为，工效学不包括工业心理学的工业人事心理、组织心理及消费心理；而安全心理学则涉及工效学的人机系统中人的子系统及人机界面的安全问题。

第二节　防范“三违”，关爱生命

“三违”不反，事故难免；一时麻痹，终身残疾。

违章违纪不狠抓，害人害己害国家。

对“三违”人员宽容，就是对企业的不忠。

生命是美妙的，“三违”就是对生命的残害。

某矿的“三违”追查分析会上，参加追查分析的两名“三违”人员都是快到退休年龄的老职工。违章事实也很简单：他们两人扛着沉重的材料走在大巷里面。平巷车司机出于同情心让他们坐在了电车头上。好心办坏事，就是这个看似善意的举动，构成了中等风险，三人现场被抓“三违”。在接受“三违”追查分析过程中，面对矿领导鞭辟入里的分析、苦口婆心的劝说，两人始终斜坐在条椅上，一副漫不经心、事不关己的样子。显然，他们在潜意识里并不认为他们这种习惯性行为是违章行为，更没有认识到他们的行为可能导致的严重后果。

不怕鬼敲门

实际上，在安全生产中，像上述那样的安全陋习在很大范围内还存在着。有这样一篇报道：4 名矿工用两辆空矿车在平巷运送一根 9 米长、180 公斤重的钢轨。在缓坡弯道处，没有任何安全防范措施的钢轨从矿车上滑落，将违章在矿车和弯道内侧推车的一名矿工当场砸死。出事没几天，还是在这个矿井，上级安监部门进行安全执法检查。在井下，检查人员抓到了同样的违章推车行为。条条规程血染成，可很多人在“根深蒂固”的安全陋习和血淋淋的教训面前，还是下意识地选择了遵从习惯，犯下了经验主义的毛病，轻者侥幸逃脱，重者发生事故受伤，更严重的就要丢了性命。

安全陋习之所以能够存根，并且还有这么大的市场，一方面与安全监管的力度不够有关；另一方面也与安全规章制度、安全文化建设不健全有关。要想彻底破除这些安全陋习，必须坚持以人为本的原则，围绕人的因素，下狠工夫、做大文章。首先，调动职工积极性，引导职工正确认识他们身边的安全陋习，发动职工开展“查隐患、揪陋习”活动，最大限度地排查出那些亟待更正的安全陋习。其次，就是做好与安全陋习打持久战的准备，充分利用现有的教学资源，加强安全法律、法规以及各类规章制度的宣传灌输，加强职工的岗位行为规范教育，组织职工开展针对本单位职工安全陋习的大讨论和座谈会，以各种形式经常性地对安全陋习进行声讨，不断提高职工的执行意识和规范意识。

没有他律制约的自律，是不着边际的自律。要根治这些安全陋习，光靠职工自律是远远不够的。各个企业还要充分利用好他律的手段，在建立健全安全规章制度的同时，加大安全监管的力度，特别是在现场，反三违、抓三违、治三违都要态度坚决，决不能手下留情。安监人员要有高度的责任心和敏锐的感知力，及时发现身边的安全陋习，督促职工现场整改。

与时俱进地加强企业安全文化建设也是规范职工岗位行为、破除安全陋习的一个有效途径。在安全生产中，过去许多看似合理的操作方法，甚至是大力推广的工作方法，随着企业的发展、技术的进步，现在就不是合理的，甚至是危险的。但是由于企业的安全文化建设没有及时跟上企业发展的脚步，许多操作方法逐渐积淀成为职工约定俗成的习惯，进而成为根深蒂固的安全陋习，成为沉淀在深层潜意识中的安全文化，悄无声息地影响职工的一举一动。所以，要不断加强安全文化建设，让安全文化理所应当地承担起纠正职工安全陋习的责任，把纠正安全陋习作为安全文化建设的主攻目标，构建起适应企业发展的安全文化体系，安全陋习作为旧有安全文化的衍生物才会在发展中逐渐被抛弃。

提高安全意识的重要措施：

1. 自我调整

通过有意识地进行自我控制，从而做到自觉遵守安全操作规程，规范操作，保证安全生产。从心理学的角度分析，人的精神状态的高潮期或低潮期都属于情绪不稳定时期，最容易发生差错或失误，属于事故多发期。要努力提高我们的个人心理素质，学会自我调节精神状态，要有自制力。“人逢喜事精神爽”，要告诫自己保持冷静，处之泰然，遇到困难和挫折打击时，不要气馁，要想得开，同时，要合理安排工作，劳逸结合，业余时间多参加文娱活动，忘却烦恼，多与朋友沟通，释放压力，做到一张一弛，自然应对。

2. 环境调节

（1）人际关系之间的相互理解和支持，会对双方心理状态产生重大的影响，稳定的心理状态与人的安全行为紧密相关，环境调节就是能对人从事的工作、生活环境气氛的调节，使人的心理处于和谐融洽的环境之中，从而避免或减少人的不安全心理活动，使之相互提醒，相互帮助，相互督促。看到违章现象时要立即制止和纠正，在同事遇到危险的紧要关头要敢于挺身而出，理智的防止事态的进一步发生和发展，形成人人、事事、处处讲安全的良好氛围。

（2）领导要以身作则，遵纪守法，起好带头作用，决不违章指挥，要认真组织好本单位的安全生产工作，坚决贯彻执行上级有关安全生产的指示精神，严格落实安全生产责任，建立健全安全生产规章、制度、操作规程，努力形成安全工作合力，实现齐抓共管安全生产环境的良好局面。

（3）科学调节。人的不安全行为的心理调节必须遵循心理学的规律，有效调节和控制人的不安全心理和行为。比如安排工作前先观察人的精神状态和情绪变化，以便因人、因事、因时的合理安排工作，掌握安全生产的主动权。又如努力改善生产施工环境，尽可能消除黑暗、潮湿、闷热、噪声等恶劣环境对作业者的心理机能和心理状态的不良干扰，使作业者身心愉快的工作。此外，领导还应切实关心员工的生活，尽可能地解决员工的后顾之忧，让作业者集中注意力一心一意做好本职工作。同时，注意劳逸结合，避免长时间加班加点超时疲劳工作。因为人在疲劳状态下易引起心理活动的巨大变化，如注意力不集中、感觉机能弱化、操作准确度下降、灵敏度降低、反应迟钝、动作不协调、判断失误等，易引发事故。

（4）制度调节。要想有效做好人的不安全行为的心理调节，借助于合理的规章制度是必不可少的。从管理学角度出发，作为社会人，自然要接受各项规章制度的约束。人的不安全行为，大多有悖于社会认同的规章制度，因此，出台约束人的不安全行为的制度并使之行之有效的执行，必定能促进人的不安全行为的心理调节。

有一则故事：有一位盲人在黑夜里提着一盏灯走路，别人问他："你又看不见，提着灯有什么用呢?"这位盲人说："我提着灯走路，不是给自己照亮，而是给别人照亮，防止别人碰伤了我。"那么，我们在工作中，能否也为自己、为身边的同事点亮一盏灯，以确保安全呢？安全工作需要大家的参与，让安全成为我们的一种生活方式。

第三节　行为管理，从"心"开始

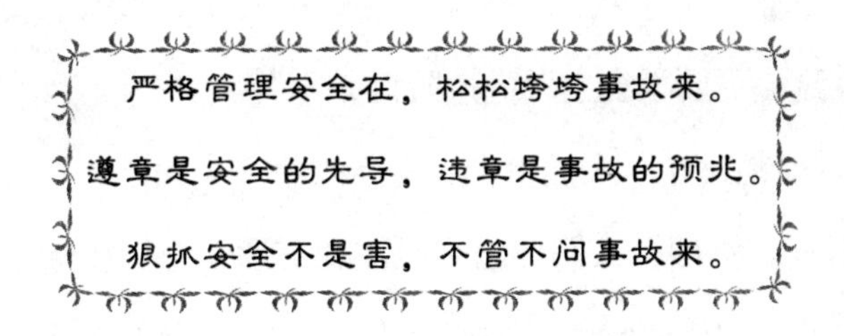
严格管理安全在，松松垮垮事故来。

遵章是安全的先导，违章是事故的预兆。

狠抓安全不是害，不管不问事故来。

寓言故事《温水煮蛙》说的是在一个寒冷的冬天，一只青蛙跳进了盛有温水的铁锅里，而铁锅下正在生着小火，刚开始时，青蛙还悠然自得，认为自己找到了一个好归宿，沾沾自喜，无比自豪。随着时间的推进，等到发觉不妙时，它的体能已随着水温的升高而耗费殆尽，最后，再也跳不出来。正是由于"违章、麻痹大意、没有责任心"，最终导致青蛙惨剧的发生。

今天的生产企业，安全生产虽然慢慢步入良性循环轨道，但并不容乐观，违章造成的事故屡禁不止，并在作业现场长期蔓延滋生，是安全生产的重大隐患。违章行为与事故之间存在着偶然性与必然性。青蛙跳进本不该它去的烧着水的铁锅里，这就是“违章”。往往违章是在侥幸心理、麻痹大意的支配下进行的不规范的操作，在思想上的反映是安全意识淡薄，责任心不强，在实际工作中的反映就是一种惰性，缺乏自我保护意识。青蛙面对正在升温的水而悠然自得，对能导致的灾祸估计不足，或根本未察觉，就是“麻痹大意”和对生命的“不负责任”，拿自己生命开玩笑，最终只能是追悔莫及。

工作中不良的冒险作业、走捷径的心理是违章的根源，为了省事、省时，在工作中投机取巧，碰运气，慢慢地习以为常，便形成了习惯性违章。面对违章行为，我们不能放任自流，否则，最终只会引“祸”上身。在工作中有效地杜绝违章行为的发生，是避免事故发生的一个有效的前提。对于作业中的违章行为要及时纠正，做到对危险的有效辨识和防控。只有通过不断的安全知识技能学习，加强自身的风险意识及对危险的控制能力，才能中断事故链的进程，从而避免事故的发生。为了我们的安全、企业的安全、国家的安全，我们要学会识别什么是危险，更要学会主动向危险说“不”。

“安全”时时刻刻遍布于人们生产、生活的每一个角落，在我们的生活中无处不在、无时不有。例如，人们外出时要注意交通安全；生活中要注意卫生防病安全；生产中要注意生命和财产的安全等，“安全”是一个永不过时的话题。

在我们的现实生活中，无数的事实告诉我们，凡是无视安全的行为必将付出惨痛的代价。如甘肃“3·5”、宝鸡“3·23”人身伤亡事故向我们警示，违规操作、习惯性违章、经验主义和麻痹思想是生产事故的大敌，惨痛的教训告诉我们，任何无视规章制度的行为都会留下一部不堪回首的血泪史。事实证明，只有将安全工作放在各项工作的首位，才能保证经济效益的提高和社会环境的稳定。

在实际工作中，我们经常会看到这样一些现象：戴着油腻腻的手套抡大锤，临边高处作业不系安全带，车削工件时不戴护目镜，徒手搬运带有毛刺和锋利棱角的物件……毫无疑问，这些行为都是违章作业。细究之下，不难看出，类似作业并非简单地违章、耍大胆，而有其深远的根源所在。那就是不良习惯和错误心态暴露无遗。

可以肯定，将这些违章操作者一一请出现身说法，要求他们自己指出具体毛病所在，相信都能找到症结。如再追加一句"为何明知故犯?"恐怕就理屈词穷了。为什么习惯性违章屡禁不止？原因很简单，主要是懒惰怕麻烦、图省事、心存侥幸，总认为以前一贯如此都平安无事，哪会碰巧这个节骨眼上出事？或者说一点零星工作，几下就得，外带检查确认，那得费多少时间？趁这工夫，早就干完了。结果，这些心理一作祟，大锤飞了出去，一失足坠落下去，铁屑扎了眼睛，手也被划开一条口子……

其实，习惯每个人都有，侥幸心理或多或少也存在，关键要看人能否正确对待。俗话说："习与性成，积重难返"。好习惯让人受益终生，而坏习惯则会贻害无穷。就像我们耳熟能详的青年学剃头的故事。练习时，青年每次剃完头后习惯性地把剃刀往冬瓜上一插。天长日久，习惯成自然。以至于后来才会出现把客人的头当冬瓜，插得顾客血流满面，悔之晚矣。假如从一开始，青年就养成每次剃完头把剃刀收藏好的良好习惯的话，毋庸置疑，青年会成为一个技术出众、有口皆碑的理发师。

再说说侥幸心理的危害程度。一次醉酒驾驶，没有出事，也没有遇到警察，算走运；一次不戴安全帽，没有被高空坠物砸到，侥幸；大锤飞出去没伤到人和设备，同样是侥幸。可话说回来，"常在水边走，哪能不湿鞋"？一旦出事，那后果不堪设想。轻的受伤致残，重则家破人亡。不光遭受肉体和精神的双重打击，在亲朋好友心里蒙上沉痛的阴影，还给企业、国家和社会带来长期不良的负面影响。

由此看来，坏习惯和侥幸心理恰如一座桥的两个桥墩，同时具备就会架起一座摇摇欲坠的危桥，在上面来回行走，说不定哪天桥就塌了，从此坠入万劫不复的深渊。

“安全工作”是一项长期的工作，来不得半点马虎和松懈，更不能摆架势，走过场，虚张声势。我们应该把安全预防工作落到实处，形成制度化，做到人人监督，各负其责，广泛掀起违章可耻、守纪光荣的良好氛围，真正做到领导在与不在一个样、检查与不检查一个样，一切从实际工作出发，把安全工作渗透到每个角落。当和平与发展成为时代的主题时，安全则变得更为重要，和平安宁的生活需要安全、经济的腾飞需要安全、时代的发展更需要安全。所以，我们应一如既往地将安全工作进行到底，真正做遵规守纪的模范，勇于向各种危害安全的行为作斗争，确实做到“时时处处想安全、人人事事讲安全”。让安全的警钟时常激荡在我们耳畔。

安全问题从个人的角度讲，往往都是出在这几种类型的人身上：

（1）混沌型。认为目前的安全水平还过得去，浑浑噩噩地生产工作，思想深处存在“死生由命”的想法，这种安全意识与文化水平低下有直接关系。

（2）自恃型。此类型多为技术熟练，专业工作年头多的“老”字辈员工，自恃久经沙场，经验丰富，在工作中无所顾忌，他们发生事故的可能性很大。

在《冶金安全报》上曾看到这样一个事故案例：一名电工在处理电器故障前，对值班人员说：“我去处理故障，你 20 分钟后送电。”值班人员担心这样做不妥，很危险，而那位电工说道：“没问题，处理这类事故顶多用 10 分钟。”20 分钟后，值班人员如约送电，并前去检查设备运行情况，结果发现那位电工已经触电。

事故的原因是，在送电时，电工对电器故障还没有处理完毕。那位电工忽视安全操作规程，凭经验，抱着侥幸和麻痹的心理，最终害了自己。

在企业生产和检修过程中，类似上述的事例并不鲜见。这起案例再一次给我们敲响了安全的警钟：任何时候都不能有丝毫的麻痹思想，更不能抱着侥幸的心理去工作。

如果我们充分认识到侥幸心理和麻痹思想的危害，及时消除思想的隐患，头脑中时时不忘安全，认认真真按规章制度办事，就能杜绝安全事故的发生。

（3）任务型。为了保生产，赶任务，加班加点连续作业，超负荷运转，以致安全意识每况愈下，导致发生事故。

某钢厂的工头带着一名新职员参观工厂。他们来到一个车间，在那里，融化的金属被倒进巨大的熔炉中。熔炉由半透明的材料制成，遇高温就变得红彤彤的，像火一样。工头抡起一把大锤，双手紧握，使劲儿敲打一只空的但非常烫的熔炉。尽管他使出全身力气，一次一次地敲打，却无济于事，只在那口巨大的容器上面留下了几个小小的凹痕。然后，工头拿起一把很小的榔头，走到一只已经完全冷却的熔炉前面。他只是轻轻地抬了一下手腕，就把那只冷却了的熔炉打破了。他解释道："当熔炉发烫的时候，无论用多大力气都敲不破；可当它冷却下来，一击就破。"

读完这则故事，不由得让人想起了在煤矿生产过程中，当职工的安全意识强、警惕性高时，正像那只发烫的熔炉，即使在大的事故隐患这个大锤打击下，也是很难被击垮的；而当职工安全意识差、警惕性不高时，即使在一个像榔头小的事故面前也是很容易被击垮的。每一位职工的安全意识的增强是保证安全生产的先决条件。

因此，我们平时要通过开展安全思想教育、安全法规教育、安全技能教育、事故案例教育等多种教育形式，使广大职工切实认识到安全的重要性，认识到安全就是效益，安全就是幸福，促使职工由“要我安全”向“我要安全”转变，由“他律”向“自律”转变，切实提高广大职工的安全意识和自我保护能力，真正实现煤矿安全生产。

安全心理学是一门以探讨人在安全生产过程中的行为和心理活动规律为目标的科学，正确应用安全心理学，发挥其在安全生产中的作用，能有效地推动社会的安全与进步。

1. 安全心理学的意义

安全心理学的意义可分为对个人和对社会两个方面：

（1）对个人来说，它通过描述和解释各种与安全有关的心理现象和心理活动历程，加深人们对自身在安全生产中的了解。目前，人们对许多与安全相关的心理现象和行为的了解还停留在“知其然，但不知其所以然”的水平，通过学习安全心理学，人们可以了解自己的某些不安全行为为什么会出现，潜藏在这些行为背后的心理活动和活动的规律是怎样的，还可以发现自己在生产劳动过程中受到了哪些因素的影响，自己如何形成现在的性格和气质特点等一系列与自身有关的安全问题。此外，安全心理学不仅提供了“是什么”、“为什么”的答案，更重要的是还告诉人们“怎么样”解决问题。当我们发现自己存在的一些不良的心理品质和习惯时，比如工作时精力容易分散、经常莫名其妙地急躁等，就可以寻求安全心理学的帮助。

（2）对社会来说，安全心理学在社会的生产、生活等方面都发挥着重要的作用。例如，安全心理学告诉人们该如何合理地设置生产环境，以何种最有效的方式安排作业流程，让人们在理想的工作氛围中发挥自己最大的潜力并保证安全。

2. 安全心理学在安全生产中的应用

安全心理学的原理、规律和方法可以运用在预防工伤事故，进行安全教育以及分析处理事故等方面。

（1）安全思想淡漠、自我保护意识不强常常是造成工伤事故的重要原因，因此，研究和分析生产过程中人们对自身安全问题的心理现象，运用动机和激励的理论，激发职工安全意识，使安全生产成为职工自发的要求，这是做好安全工作的重要保证。

（2）通过安全心理学对主观和客观心理现象的分析，可以帮助管理人员（包括企业领导、工会干部、劳保安全技术人员）认清安全生产中的有利因素和不安全因素，对各种不安全因素进行整改，从而调动广大职工安全生产的积极性。

（3）运用安全心理学的学习理论，做好职工的安全技术培训和安全思想教育工作，特别是运用心理学的学习理论对从事电气、起重、运输、锅炉、压力容器、爆破、焊接、煤矿井下、瓦斯检验、机动车辆驾驶、机动船舶驾驶等危险性大的特种作业人员进行专业的安全技术教育。

（4）对影响整个系统运行或与安全生产有非常关键作用的岗位，通过合适的职业选择，选拔合适的人选。

（5）对职工的不安全行为及其心理状态进行研究分析，以便采取对策和措施。

（6）对事故进行统计分析，根据大量原始资料，通过统计处理，找出事故产生的原因及其变化规律。有时为了找出事故的隐患，防止以后不再发生同类原因的事故，以及采取最适宜的预防措施，常常需要对事故个案进行心理学分析。

（7）对事故主要责任者、肇事者在发生事故前的心理状态、情绪以及个人的个性心理特征、行为、习惯等进行深入分析，以阐明发生事故的原因，进行安全教育和采取必要措施，杜绝以后再发生同类事故。

（8）从知觉、情感、意志、行为四个方面，对一些经常有不安全行为的工人给予积极的心理疏导，并将其列为重点的安全教育对象；对他们的性格、气质、能力进行全面分析，根据他们的特点逐步引导他们改变对安全不利的心理素质，建立良好的安全心理素质。

（9）运用安全心理学的知识，对生产设备、机具、安全保护装置、工作场所以及工作环境经常进行工程心理学（人机工程学、人类工效学）的研究，使设备、机具符合人的生理和心理特点，工作场所适合人的操作，工作环境不影响人的安全和健康，从而达到操作方便、减轻劳动强度、节约劳动时间、提高工作效率、充分利用设备能力、降低能耗、减少工伤事故的目的。

（10）运用心理学原理和有关知识，进行经常性的、行之有效的安全教育。

第四节　定岗定责，制度保障

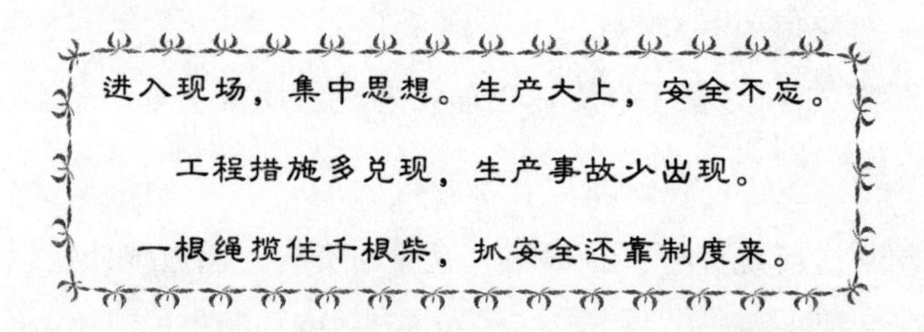

安全生产可以促进生产力的发展。生产活动是人们经过劳动的物质转换活动，在生产过程中，人们会遇到各类的事故隐患，要排除事故隐患，遏制事故发生，用尽量少的劳动消耗和物质消耗生产出更多符合社会需要的产品。安全生产所产生的效益是隐性效益，不像普通投资那样直接反映在产品数量的增加和提高产品质量上，它是一种制度保障，体现在生产的全过程，不发生事故才能保证生产的正常开展和连续进行。一般制定安全生产制度应从以下几个要素着手。

1. 目的

建立安全操作规程的制订、审批、检查落实方法，确保所有岗位安全操作规程的完善和执行。

2. 范围

所有岗位。

3. 责任者

安全部、各车间、科室。

4. 程序

（1）安全操作规程的制订、审批程序：①甲类岗位的安全操作规程由车间主任、部门主管负责起草，公司安全部审核，总工程师审定签字后执行。可张挂的张挂在岗位明显位置。②乙类以下岗位的安全操作规程由车间技术主任负责起草，车间主任审核，公司安全部审定后执行。

（2）安全操作规程必须在公司限定时间内完成制定，并整齐张挂，不按时完成的责任人予以经济处罚，由此造成的损失由责任人负责。

（3）安全操作规程制订工作完成，报公司办公室存档和安全部汇总备案。属保密范围的有关人员必须做好保密工作，如有失窃，由责任人承担一切后果。

（4）安全操作规程的宣传落实工作由车间主任、部门主管领导负责，公司安全部、人力资源部负责考核，对有不符合要求的人员按公司的相关制度规定进行处理。

（5）各级安全操作规程的修订程序与制定程序相同。

（6）安全操作规程的执行检查由公司安全管理人员和车间（部门）负责人进行定期和不定期检查，由车间（部门）负责人进行经常性检查。发现违章现象按员工守则处理。由于违反安全操作规程发生事故时，一律作为责任事故从严处理。

（7）公司每次检查，要填写检查记录，并由公司安全部保存。

5. 奖励

对认真执行上级安全生产方针政策、公司颁布的各项安全生产制度、防止事故发生和职业病危害作出贡献的车间、部门、个人，有下列情况之一的给予适当奖励：

（1）对安全生产有所发明创造、合理化建议被采用有明显的效果者。

（2）制止违章指挥、制止违章作业避免事故发生者。

（3）及时发现或消除重大事故隐患，避免重大事故发生者。

（4）对抢险救灾有功者。

（5）积极参加公司、部门组织的各种形式的安全生产活动，被评为先进车间、部门、班组、个人。

（6）被评为省、市、局、总公司的安全生产积极分子给予表彰和奖励。

（7）对消防、安全工作和其他方面做出特殊贡献者。

奖励程序：

（1）安全生产先进班组和个人，由车间（部门）汇总材料上报部长审核后报安全部，经审核后报公司安全生产领导小组通过。

（2）先进车间、部门、科室由安全部门提出意见，交公司安全生产小组讨论，审核通过。

（3）有关人员和单位的奖励，由车间和部门提出，经安全部门审查，报公司领导批准。

6. 惩罚

有下列情形之一者应予惩罚：

（1）事故责任者。

（2）违章指挥或强令职工冒险作业导致事故发生者。

（3）违章违纪，情节严重，性质恶劣者。

（4）破坏或伪造事故现场隐瞒或谎报事故者。

（5）事故发生后，不采取措施，导致事故扩大或重复事故发生者。

（6）对坚持原则，认真维护各项安全生产工作制度人员打击报复者。

（7）其他各种违反安全生产规章制度造成严重后果者。

（8）对提出的整改意见有条件整改而拖延整改的责任人。

（9）擅自挪用消防器材、损坏消防器材者。

惩罚类型：

（1）经济处罚根据危害程度、损失情况和责任大小，可处以罚款 20~500 元、赔偿损失的 3%~50%、降低工资、扣除奖金、没收押金。

（2）行政处罚根据危害程度、损失情况和责任大小，可处以警告、辞退警告、降职、降级、留用查看、辞退、开除。

（3）性质特别严重、情节恶劣、触犯刑律者，追究法律责任。

处罚程序：

（1）经济处罚由有关部门提出，报分管副总经理批准后执行。

（2）行政处罚由有关部门提出，按公司有关规定参照任命程序，报有关领导批准后执行。

7. 细则

（1）生产部职责。

1）必须组织或聘请有资质的人员按规定对公司重大危险源定期进行检测、评估；

2）生产部对公司的重大危险源的管理负有检查、督查的职责。

（2）车间。

1）车间主管直接对重大危险源实施管理并对管理结果负责（生产装置部分）。

2）具体管理措施依照《工艺（操作）规程》、《安全技术规程》、《设备安全操作规程》、《消防安全制度》、《化学危险物品管理制度》、《防火防爆管理》、《动火管理》执行实施。

3）建立健全物质安全技术说明书MSDS，根据MSDS要求配置应急器材。

4）根据公司《事故应急预案》对重大危险源紧急事故进行抢险救灾实施及日常演练。

5）每年不得少于一次举行安全、消防应急演习活动。

（3）公司、车间每月不得少于一次进行专项安全综合检查。

（4）车间对生产装置的日常巡回检查记录要及时。班组员工必须按规定进行巡回检查，同时车间的班组安全教育学习每月不得少于两次，并建立学习记录台账。

（5）凡进入重大危险源区域作业人员，必须经过上岗培训并取得合格证才能进入工作岗位，区域内所有设施的更改需要生产部按程序审核同意方可实施，外来人员要有专人陪同方可入内。

（6）维修及动火作业必须有书面报告，经现场查看、验收合格，方可下达动火许可证，在区域内严禁无证动火。实行谁施工作业谁负责，安全达不到要求不作业。

（7）车间安全员对区域内的消防器材及应急物资的完好率负责，采取定期检查和抽查相结合，保障设施正常运转使用。

（8）运输物资需采用有危险品运输资质的单位承运，进入本公司重大危险源区域的运输车辆必须戴上阻火器方可入内。

（9）根据具体要求和国家有关规定，在重大危险区域内安装有4路可燃性气体报警器，对重要岗位进行实时监测。

(10) 对于在日常工作中发现的事故隐患，通过整改避免事故发生的，公司将给予奖励100~500元，对于在安全检查中发现问题的，将责令限期完成整改并进行公示，对事故苗头知情不报者将给予处罚。

第五节 安全手册，经验传承

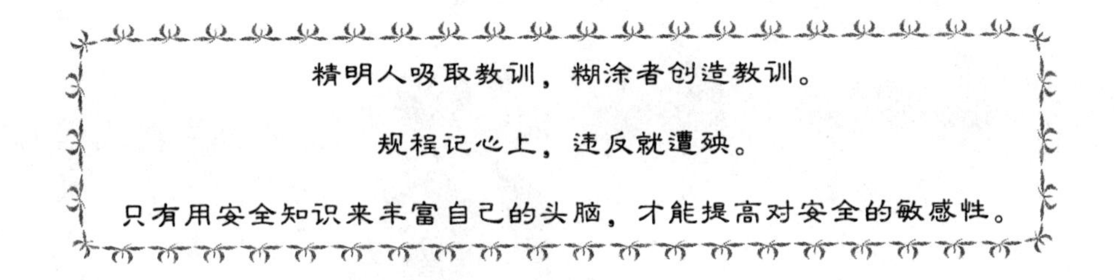

面对安全生产工作的长期性、艰巨性、复杂性和重要性，要切实遏制事故频发的势头，就必须做到“三铁”。

第一，以“铁面孔”对安全，强化安全防范意识。要以“铁面孔”对安全，强化安全工作的宣传教育，以各种会议为阵地，发挥各类媒介作用，加强对领导干部、职工群众的安全知识宣教力度；强化安全技能的培训学习，区分层次，因人施教，对管理干部注重提高他们在安全生产中的决策能力、指挥能力和管理能力，防止因管理不善或决策失误导致事故，对青年职工采取岗前集中培训，岗中技术练兵，然后再按掌握程度进行分级深层次拔高培训。在培训方式上，采取外部培训与内部培训相结合，室内讲解与现场模拟示范相结合，有效提高整体培训水平。

第二，以“铁手腕”抓安全，规范管理基础。要狠抓基础性安全管理工作，查缺补漏，严格实施，强化推进，以“铁手腕”确保安全目标的顺利实现。要推行安全风险抵押金制度，按企业各级干部职工所承担的安全责任大小，分档次交纳安全风险抵押金，形成干部职工共担安全风险利益机制；实行安全例会制度，坚持生产技术管理人员参加的安全生产技术例会制度，坚持各生产单位负责人参加的安全调度会制度；严格坚持重大隐患排查制度，加强安全工作检查力度，组织安全检查组，进行全方位、拉网式检查，抽专人组成安全小分队，采取不定点、不定时、不定班次的方式进行安全执法检查，对查出的问题彻底整改。

被经验蒙蔽了双眼

第三，以“铁心肠”保安全，落实安全责任制。在安全工作面前，一定要坚持标准，严格要求，要铁心肠，不心软，把安全工作做到“不近人情”。要严格落实各级干部安全责任制，按照谁主管谁负责和一级向一级负责、一级向一级保证的要求。要严格坚持安全工作重奖重罚制：对安全工作的处罚实行行政手段与经济手段并重的原则；对排除重大隐患避免事故发生的人员、对抢险救灾有功的人员实行重奖的政策；对“三违”人员，特别是那些多次“三违”的人员进行重处、重罚，促使其转化；对隐患整改不及时和没有认真履行职责的人员要根据有关规定严惩不贷。

一、制定安全生产手册

《安全手册》将本着数据精确、实用性强、查阅方便、检索科学的原则，对安全生产状况、重点行业运行情况、安全产品、安全生产技术、安全生产科技成果及相关的生产企业、安全生产研究、安全培训、安全评价机构进行详细的介绍。还将涵盖安全生产领域相关企事业单位的基本情况，建设安全生产相关数据库，为国民经济各行业和专业人士提供权威、高效的信息支撑。

《安全手册》主要内容应包括：安全监管总局年度安全生产工作重点、年度安全生产状况及相关统计数据和分析，安全生产应急救援状况，安全生产重大项目的相关技术、产品介绍，重大安全生产技术和科研成果推荐，企业安全生产相关领域内的科技成果、产品、管理方式经验的推广介绍。贯彻落实《国务院关于进一步加强企业安全生产工作的通知》的精神，以积极推进强化企业安全生产主体责任为重点，继续深入开展“安全生产年”活动，进一步加强安全生产监管监察部门与企业之间，安全生产科研、教育、评价机构与企业之间的交流沟通，充分调动各方的力量，更好地为全面促进安全生产工作服务。

（1）有关单位基本情况及安全生产方面的情况介绍。

（2）有关单位主要领导人的介绍、安全生产先进事迹。

（3）安全生产方面的科技成果、所获奖项。

（4）安全防护装备、培训、演练和管理方面的情况。

（5）新型安全生产技术装备和安全管理模式的情况。

（6）有关安全生产信息化的软硬件系统和项目案例。

（7）安全生产应急预案及演练，应急救援装备与管理系统的情况及案例。

（8）事故预防预警及应急处置演练与管理，相应的管理信息系统、技术装备的情况。

二、车间安全生产要点

（1）完善制度、夯实基础，落实安全责任，为把安全管理工作落到实处，公司与各车间、各岗位工种签订安全生产目标责任书，下发“安全生产管理规定”，各车间还将责任书的内容逐一分解落实到各生产班组、岗位，细化各岗位操作规程，使安全生产责任制落实到生产管理的全过程。加强班组长队伍建设，把懂技术、会管理、有责任心的职工调整到班组长行列，筑牢基层安全防线。上至公司领导，下至普通职工，人人有安全责任、个个有安全目标，使安全工作层层有人管、事事有人抓、一级抓一级、一级对一级负责，层层抓落实，形成纵向到底、横向到边的安全管理网，生产车间由生产型向安全生产型转化。并严格安全奖惩制度。

（2）以人为本、强化教育、增强员工的安全意识。领导班子把“提高员工的安全意识，控制员工的安全行为”作为安全管理的重点，列入重要议事日程。公司成立由分管副总为组长，企管部、保卫科等职能部门的负责人为成员的公司安全生产领导小组，成立领导小组办公室。充分利用安全培训班、班前班后会、黑板报、宣传栏、安全警示语、安全生产月、“11·9”消防日等多种形式，实现了正规培训与业余教育相结合；思想教育、法律法规教育与专业技能培训相结合；安全操作规程与新进、转岗人员安全教育相结合。根据年初工会安全生产领导小组制定的员工培训计划，开办特殊工种安全培训班，出安全黑板报，上墙警示语，从而提高主管及员工在消防工作上责任重于泰山的思想意识。在对保卫科义务消防队员培训演练的基础上，利用全体会每年对全体职工进行正确使用灭火器的学习训练，大部分职工都能掌握使用方法，发生紧急情况能及时得到处置。对窑炉操作工、电气焊工、电工等特殊工种人员每季集中学习和考核，变“要我安全”为“我要安全”，培养和树立职工十个意识，即全员重视安全生产的意识；安全生产就是效益的意识；对安全工作真抓实干的意识；安全生产无小事的意识；严格遵守安全生产规章制度的意识；安全生产“吾日三省吾身”的意识；对发生事故的预防意识；不伤他人、不伤害自己、不被他人伤害的意识；对工作精益求精的意识；对待安全工作要当包公不当菩萨的意识。为做好安全工作打下了坚实的基础。

（3）加强巡查，有效防范、狠抓现场管理。安全管理的重点在现场，为确保生产安全，公司规定分管安全、生产、设备、技术的负责人每天要有两个小时的时间在生产一线，有夜班生产的，为确保夜班生产安全，坚持做到每天都有一名公司领导夜间带班值班，对生产车间出现的安全等其他问题及时进行解决，从而消除生产的不安全因素。

例如，一天晚上，某企业一位值班经理在查夜时，听到原料车间设备运转声音不对，便仔细查看，发现是由于机器运转时间过长，造成超负荷，他立即叫来值班人员停机，避免了机器的损坏与事故的发生，并对值班人员进行了严肃的批评。公司领导经常深入现场检查安全工作，找出安全管理中的薄弱环节、设备隐患和操作过程中的危险点，真正把问题解决在现场，把隐患消除在现场，较好地解决了安全中“严格不起来，落实不下去”的问题。严格安全检查制度，狠抓隐患的排查与治理，采取安全自查与专项检查相结合，常规检查与突击检查相结合，检查与整改相结合，不断消除生产中人、机、环境的不安全因素。公司规定各车间每周最少一次对本车间的安全情况进行检查，并把检查结果报公司安全生产检查领导小组。说明了加强巡查制度的重要。

（4）与时俱进，开拓创新、突出超前预防。安全是参与竞争的支撑力，是企业的第一效益、职工的第一福利。没有安全的效益是暂时的效益。在工作中，要正确处理好安全与生产之间的关系，加强安全生产领导小组队伍建设，定期开展思想、作风、纪律整顿。在安全管理中，推进安全生产工作，从事后查处向源头管理转变。加大安全巡查力度、加大违章处罚力度，防患于未然，全面做好安全生产工作。

第六节　特种行业，尊重差异

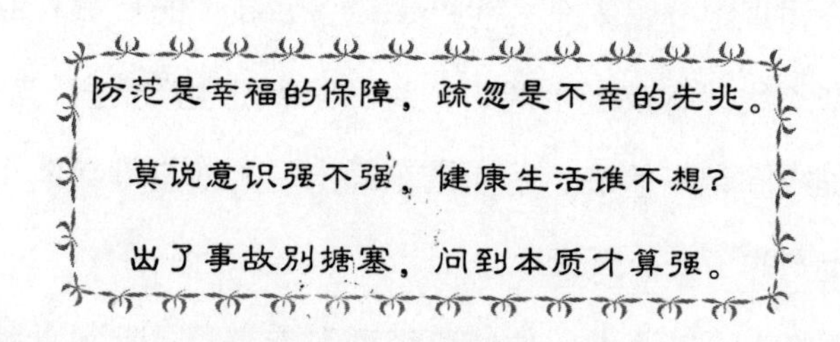

始终坚定执行安全第一、预防为主的方针，组织制定一整套安全生产责任制度，组建安全生产三级管理网络，建立完善的安全管理机制，进一步强化安全管理责任意识，用铁的手段，以法律制度为标准，以精细化管理为基础，狠抓各项制度、措施的落实，真正做到防范于未然。

一、加大宣传力度，提高安全意识

各监理处、承包人要紧绷安全之弦不松，认真组织，充分利用墙报、宣传标语等形式，广泛宣传安全生产的重要性和必要性，举办安全专题教育和安全知识讲座、培训等活动，正确教育和引导施工人员切实增强安全生产的主动性和自觉性，实现“人人重安全、天天讲安全、处处都安全”的安全生产氛围。

二、采取措施，强化责任

安全工作要常抓不懈，并在持续改进中不断完善。各承包人要严格按照公司、总监办的要求，进一步强化安全生产的主体责任意识，确保安全投入；进一步强化安全专职员的责任，加大现场安全施工管理的工作力度；进一步具体细化落实安全专项方案、应急救援方案、安全操作规程、安全技术交底等措施；继续抓好已确定的规章制度、施工方案、管理办法等在具体施工中的执行和落实。要继续深入危险源的排查、监控和防护工作，特别要注重加强对高空、超高空作业的安全防护；要做好施工监控工作，增强施工中安全工作的预见性和前瞻性，采取有效的安全施工举措和安全防护措施，积极开展创建“平安工程”活动，确保安全生产和施工安全。

安全工作，责任重大，是一切生产与建设工作的头等大事，也是工程质量和工程进度的重要保证。因此，施工单位要认真自查自纠，强化安全管理力度，要处处讲安全、时时提安全、人人谈安全；监理单位要加大监督力度，强化职能；公司各部门要加大检查力度，确保紧抓安全不放松，安全措施不落空，将各类安全隐患消灭在萌芽状态。

三、加强管理，严格措施

一是认真开展摸底调查，摸清企业状况，做到心中有数。二是深入排查隐患和漏洞，切实加以整改，最大限度杜绝事故的发生。三是落实安全责任制度。在年初制定职责的基础上，进一步细化监管科室及人员的责任，落实到每个工作环节和岗位上，使每个人都要自觉尽责地切实负起各自责任。四是加大责任追究。对重大隐患治理不力的，要视同发生事故严肃处理，实现从事后追究向事前、事后追究并重转变。同时还要更加坚决地执行安全监管一票否决制。

目前我国危险化学品泄漏、火灾、爆炸等较大事故时有发生，危化品在运输和使用环节过程中的事故也有上升趋势；烟花爆竹事故总量较大，非法生产现象比较严重。尽管事故总数和死亡人数逐年有所下降，但生产安全形势不容乐观。

我国目前有关危化品安全生产的法规和标准不健全，造成化工行业准入条件低，一些未经项目安全审查、没有安全保障的小化工装置陆续建成投产，安全生产压力增大，从而造成事故多发、频发。

在国际化进程中，国外部分涉及危化品的产业向我国转移的速度加快。当前，发达国家通过提高安全、环保标准，促使本国企业把低端化工产品和污染重、工艺危险的产品制造业向我国转移的现象十分明显。我国一大批小化工企业成为一些国外知名医药集团、医药中间体的生产企业。在这些小化工企业中，有相当一部分涉及硝化、磺化等危险工艺，由于安全投入不足，自动控制水平低，存在大量事故隐患。我国烟花爆竹年产量占全世界总量的90%，劳动密集型特点突出，在扩大出口、推进发展的同时，安全监管任务十分繁重。

1. 危险化学品事故造成的损失巨大

危险化学品是事故多发领域。随着我国国民经济的快速发展，石油化学工业愈来愈成为国民经济的支柱产业，化学品与人民生活的关系越来越密切，危险化学品的安全管理问题将更加突出。

据了解，按照国家有关规定，化工行业一次死亡人数在3人以上就确定为重大事故。2008年，化工行业共发生重大生产安全事故10起，最严重的是山东一家小化肥厂，充装液氨时发生泄漏，死亡13人。2008年前9个月，全国非矿山企业发生伤亡事故5995起，死亡1626人，同比分别上升21.9%、8.8%，这其中大部分都与危险化学品有关。

据统计，目前全国危险化学品从业单位总数为289670个，其中生产单位22740个，储存单位10056个，经营单位124298个，运输单位8903个，使用单位123005个，废弃处置单位638个。上述单位按照所有制性质分，有国有单位41135个，集体单位62313个，乡镇单位33192个，“三资”单位26321个，私营和其他单位126679个，剧毒品从业单位14896个。

不难看出，在这样庞大的队伍中，大部分是非国有企业，这些企业的安全生产水平参差不齐。一些民营化工企业接连发生生产安全事故，全国几乎每天都有小企业的爆炸声响起。这些企业老板安全意识普遍淡薄，有的本身就不懂化工，缺乏应有的安全管理制度和应对措施。企业员工的安全素质也较差，对化工产品的安全生产缺乏常识，一旦出现隐患也不知怎么处理。这些企业往往仅以盈利为目的，只要能保证生产，一般都不会进行安全投入。

与煤矿、交通等事故相比，危险化学品事故虽然死亡人数不多，但会造成巨大的经济损失。化工事故的重点领域在氮肥、氯碱和农药行业，爆炸、着火事故的发生往往能毁掉一个工厂，甚至波及上下游领域，进而影响市场。同时，危险化学品安全一旦发生问题，极易引起社会恐慌，影响稳定大局。因此有关人士提出，对生产安全事故的重视程度不仅要用死伤人数的多少来衡量，也要统计一下经济损失，对那些死亡人数少但造成经济损失巨大的事故，也要进行重点关注。

2. 各部门协调合作

危险化学品涉及的部门多、环节多、行业多，是危险化学品安全监督管理的显著特点。除了出台的《危险化学品安全管理条例》外，原化工部、交通部、环保总局等部门都有相关的规定和标准，而这些规定和标准之间存在着互相不协调甚至矛盾，并且有些规章已经陈旧落后。在目前市场经济条件下，行业界限逐渐被打破，一些综合性企业在纷繁而又不统一的规章面前无所适从，这无疑给危险化学品的管理工作带来不少困难和障碍。

如已酝酿多年的化学事故应急体制，虽然已在一些城市进行了一些有益的尝试，但却迟迟未能形成完整的体系，其重要原因之一就是缺乏各部门之间的共识和协调。按照《危险化学品安全管理条例》的规定，危险化学品安全监管涉及经贸、公安、工商、质检、环保、安全、交通、邮电、监察等部门；在管理环节上，涉及生产、经营、储存、运输、使用和废弃处置；在行业分工上，涉及石油、化工、轻工、医药、机械、矿业等。因此，建立统一、高效、协调、务实的监管机制，形成部门之间良性互动、信息共享，是落实各项整治措施的根本保障。

新形势不断催生新问题：各地监管力量不足；危险化学品事故应急救援预案不规范，应急救援体系还不健全；监管方面的责任追究没有得到较好落实；市场准入机制还有待完善，危化品运输监管还存在漏洞；危化品废弃处置尚不规范等。

对此，国家安监总局相关领导指出，在危险化学品领域，近年来，政府机构改革日渐深入，多种经济成分并存，进出口贸易不断扩大，一些从业单位出现管理漏洞，个别地区、单位受利益驱动忽视安全生产，这些都给危化品的安全管理带来新的课题。

国家安监总局有关人士表示，针对危化品品种多、从业单位多的特点，对企业的安全评估是监管的重点。通过评估摸清企业安全生产状况，以便进行分类排队、分类指导，加强监管工作的针对性。

3. 统一监管是大势所趋

化学品 EHS（环保、健康和安全管理体系）是非常重要的问题，加强化学品安全监管已经成为国际大趋势。由于化学品种类繁多、管理环节复杂，目前我国化学品管理仍呈多头监管的局面。如何建立有效的工作机制，对化学品进行有效监管？有专家认为，我国应将化学品的管理提升到一个更高的层面，建立独立的化学品监管机构，实现对化学品统一管理。这既是大势所趋，也是经济社会发展的必然要求。

国家质检总局进出口化学品安全研究中心近日在京召开成立大会，其下设的专家委员会也同时成立。该中心隶属于国家质检总局检验监管司和中国检验检疫科学研究院，设有进出口化学品安全战略与政策研究室、进出口化学品理化安全研究室、进出口化学品健康和环境安全研究室、REACH 工作办公室以及综合业务办公室，下设国家质检总局进出口化学品安全研究中心专家委员会，中心同时承担全国危险化学品管理标准化技术委员会化学品毒性检测技术委员会秘书处工作。

目前，该中心已建有中国化学品安全信息平台，其中化学品安全数据表数据库属国内最大的数据表数据库，其中包含安全数据 30 多万条。该数据库已被国家质检总局指定为履行联合国 GHS 和应对欧盟 REACH 法规的仲裁、基准数据库。另外，中心率先在国内建立了（Q）SARs 化学品毒理性质预测技术平台，可以对 40 多种化学品安全性质进行预测。目前中心已经获批筹建国家级化学品分类鉴别与评估重点实验室。

在化学品毒性检测实验室 GLP 认可工作进展方面，我国的思路是先在国内建立与 OECD（经济合作与发展组织）的 GLP 原则全面接轨的实验室认可导则，再根据我国的 GLP 实验室认可导则产生一批示范认可的化学品检测实验室，然后再与 OECD 接触，推动我国加入 OECD/GLP 工作组谈判，正式签署数据互认协议，实现化学品检测数据的国际互认。

但是在化学品检测领域，我国的现状是，卫生部负责药品检测认证，农业部负责农药检测，认监委负责化学品检测认证，再加之其他原因，导致目前我国整体加入 OECD/GLP 工作组存在着诸多障碍。但我国相关部门正在积极推进化学品检测实验室的 GLP 认证工作。国家认监委已根据国际有关准则，组织起草 GLP 实验室规范及评价程序，有关实验室可以向国家认监委咨询具体评价要求及程序，条件成熟的实验室可以提出评价申请。

2008 年 12 月 26 日，上海化工研究院检测中心率先成为认监委批准的首家化学品安全评价 GLP 实验室。此外一些地方检验检疫局，如上海、山东、广东出入境检验检疫局的实验室也在申请中。

虽然欧盟 REACH 法规要求毒理测试应该按照 GLP 标准来进行，但各有关企业仔细研究 REACH 的指南文件可以发现，即使不是 GLP 认可的检测数据也是有价值的。另外，按照欧洲的收费标准，其检测费用也会很高，因此建议有关企业最好选择在国内的实验室进行毒理实验。

国家认监委 2008 年底已正式批准上海化工研究院检测中心通过良好实验室规范（简称 GLP）评价，该实验室成为认监委批准的首家化学品安全评价 GLP 实验室，标志着国家认监委 GLP 监控体系取得重大进展。

第四章 安全管理不当谁之过？

安全生产责任制是生产经营单位岗位责任制的重要组成部分，是安全生产管理制度中的核心制度。为此，《中华人民共和国安全生产法》根据“管生产必须管安全”的原则，明确规定了生产经营单位主要负责人和各级领导以及各类从业人员的安全职责和履行职责的程序以及约束机制。生产经营单位必须加强安全生产管理，建立健全安全生产责任制度。也就是说，生产经营单位不建立、不实行安全生产责任制度都属于违法行为，造成重大伤亡事故的就是犯罪。

第一节　谁是安全责任的主体

安全工作抓不实，事故常常跟着你。

遵章和谨慎，应该成为你安全生产永久的伴侣。

居安思危，常备不懈。有备无患，无备遭难。

人常说，生命是人一生中最宝贵而最脆弱的东西，它承载着人类所有的感情，所有的梦想。我们要不伤害自己，不伤害别人，不被人伤害，坚持“三不伤害”，珍惜生命，珍爱自己，强化“我要安全，我会安全，我能安全”意识。充分认识安全就是为了自己，自我才是安全责任的主体，才是安全的真正实体。只要是热爱生活的人，都会珍视自己的生命，都明确安全的真正意义。

追溯以往的经验和教训，一个个悲情的瞬间、一声声哀痛的呼唤，像一块块寒冷的冰，撞击着我们的眼球，刺激着我们的神经，搅动着我们的心灵。许多生产安全事故之所以发生，既不是因为制度的缺失，也不是因为措施的不强，更多是习惯性违章和错误性操作所致，事后分析原因、总结经验、取得教训，大多都是因为自我的安全意识未到位、隐患未消除等一系列问题所致。既然发现问题，就要想办法解决问题，不能放任问题而不顾。对于已经存在的事实，我们不能推卸责任；相反地，应该理性面对，有所担当，敢于担负责任；遇到

问题迎难而上，尽最大努力将伤害和损失减至最小范围内。

作为社会成员都要负担相应的社会责任，拥有安全是履行责任的保障。要树立安全责任观，安全是企业对于员工的最基本责任。企业生产的顺利开展，企业的长足发展，无不需要员工的安全。只有生产主体实现了安全，企业的效益和发展才能有保障，整个企业才能良好运行。只有企业实现了效益，员工才能实现自我的效益，归根结底，安全不仅是企业的效益，更是自我的效益。与此同时，我们还负有家庭责任。自我安全是我们对于家庭应负的基本责任。父母不求子女回报什么，给予多少，只求我们平平安安，健健康康。所谓不求金玉满堂，只求一生平安。所以，我们更要安全，使自己安全，对于父母也是一种孝道。

树立安全价值观，明确安全对于人生价值的实现的重要意义，人生价值的实现，需要自我的安全，安全是自我人生价值实现的前提。安全情感，更加深化了安全的重要意义。安全就是幸福，只有拥有生命的安全，才能获得人生的幸福；只有健康的生命，才能创造幸福，才能享受幸福，充分认识人的生命与健康的价值，“善待生命，珍惜健康”。

安全为了自己，安全为了家人，安全为了企业，安全为了社会，安全为了你、我、他。安全是一种意识，是一种观念，更是一种文化。安全是企业文化的重要组成部分。“安全为了谁”已经不言而喻，那么，怎样才能做到安全呢?“以人为本，安全第一，预防为主，综合治理”的企业管理宗旨就是要我们树立安全预防观。

一切事故都是可以预防和避免的。作为个体，首先要从规范自己的行为做起，规范操作行为，拒绝不安全行为，岗位操作安全规范，不断学习安全操作规程，切实提高安全意识，树立安全生产观。安全源于行动，安全责任重在落实。

总而言之，安全的责任主体就是自己，自己没有安全就没有幸福的人生，没有和睦的家庭，没有安全我们的人生目标将化为乌有。“以事故教训为鉴，以事故经验为指导，让我们正视安全，珍视生命，拒绝违章，保障安全，使安全体现在实际行动中，安全是和谐的基础，安全生产，和谐发展。”

下面我们来看看由于处理得当，将损失降到最小的安全事故。2012 年 5 月 28 日下午 1 时 18 分，惠州市消防支队指挥中心接到报警称，惠州大亚湾石化大道某化工厂发生大火。

接报后，惠州市消防支队先后调动 11 个现役中队、5 个专职队，共 35 辆消防车、180 名消防员赶赴现场扑救。广东省消防总队随即调集广州、深圳、佛山、东莞及直属特勤大队共 43 辆消防车、2 个供水组、170 吨泡沫、338 名消防官兵赶赴火场增援。

着火的是一只 3000 立方米的储罐，储存 1500 立方米左右苯乙烯，邻近受其火势威胁的有两只 3000 立方米的储罐，其中一只储存 1000 立方米左右苯乙烯，距离着火罐 6~8 米，另一只储存 1500 立方米左右苯乙烯，距离着火罐 15~

20米的上风方向还有3只卧式储罐，1只储存着50吨柴油，另外两只各储存50吨二甲苯，如果着火储罐燃烧过程中发生爆炸，后果不堪设想。

消防官兵在现场部署8门移动炮，不间断出水灭火，冷却抑爆，待时机成熟发起总攻。

傍晚6时20分，消防官兵发起总攻，6时31分，大火被扑灭，消防官兵继续往储罐区喷水冷却20分钟，整个灭火战斗无人员伤亡，无污染，无次生灾害。

起火的厂区内外停放着几十辆消防车，警方将石化大道距离起火工厂门口1公里外封锁了，在警戒线处，即可闻到一股刺鼻的味道，越往厂区走刺鼻的味道越浓，到达厂区门口看到，所有抢险人员都戴着防毒面具或者口罩。

事发现场位于工业区内，附近其他化工厂的很多工人都目击了起火的过程，王先生是中海油的一名槽罐车司机，事发后奉命来到起火化工厂运送污水。据他称，事发在下午1时30分，该化工厂内先是冒出黑烟，紧接着一团火球从滚滚浓烟中冒了上来，“我在大老远的地方都看得到”。王先生说，随后浓烟越来越大，中间不时夹着火球冒上来，他知道准是哪个化工厂出事了，果然下午4时许他就接到指示——到该化工厂协助运送污水。

李先生也是运送污水的司机之一，据他介绍，下午4时多他奉命来到该化工厂时，整个厂区上空黑烟蔽日，现场一股刺鼻的气味，他只好待在车里不敢下去，听从指挥人员的指挥轮番进入厂里的污水池抽污水。

起火的是一个直径约40米、高约30米的圆柱形罐体，现场一共有3个类似的圆柱形罐体，此外还有6个体积稍小的罐体，横卧在大罐体旁边。据现场抢险人员介绍，大的罐体里面还有一层铁皮，用来存放聚苯乙烯珠体，内层顶部是倒扣锅形，用来压住聚苯乙烯珠体，以免外泄。起火的位置在罐体的东北侧，被火烧过后像是被“啃”过一样，露出漆黑的铁皮，还不时冒着水汽。第二天，消防员仍在用高压水枪实施间歇性喷水降温，一名消防员说，由于里面的结构特殊，从外表看上去虽然已经灭火了，但里面可能还是高温的，在未确保完全灭火的情况下，必须继续喷水降温，然后根据水汽等因素判断是否还要继续喷水，但从目前的情况看起码要到深夜。

当天，在沈阳，一辆满载浓盐酸的槽罐车，在行驶到蒲河新城人和街上的一座小桥时，车辆突然失控，并撞毁桥栏，翻倒到桥下。就在浓盐酸开始泄漏、车体也起火时，多名正在附近工作的绿化工人不顾个人安危，毅然地冲了上去……

发生事故的小桥位于一条排污渠的上方，桥面距离河道约有 5 米的距离。当时，小桥西侧的大部分金属护栏都已经被撞碎，桥面上到处都是金属和水泥碎片。

肇事的槽罐车“仰躺”在桥下，由于槽罐内的浓盐酸已经开始泄漏，因此，身着防化服的消防官兵一直在现场进行喷水稀释。尽管如此，在距离现场几十米外仍然能够闻到非常浓重的酸味。

“俺们 5 分钟前还在那里干活呢，谁能想到这么大一辆车能从桥上‘飞’下来啊？我们当时根本没想到车上装的是油还是浓酸，也没想过车子会不会爆炸，就想着赶紧把车上面的人救下来！说实话，现在倒是有点儿后怕……”当时在现场附近休息的一位绿化工人说，幸亏事发时，他的几个工友就在现场附近，要不然的话，槽罐车驾驶室内的两名男子很有可能凶多吉少。

张树志称，车祸发生前，他们正在给附近的草坪和树木浇水。他们刚刚把一段水管连接到槽罐车目前所处的位置。此后，因为想先把桥对面的草坪和树木浇了，工友们又回到了桥对面，这才侥幸躲过一劫。如果不是提前离开，那辆槽罐车将正砸在他们头顶。

张百富称，他们正在浇水时，就听见“咣”的一声巨响，然后就看到一辆由北向南行驶的槽罐车翻到了桥下，随即车身上便开始冒烟。当时，他们几个人根本没想过什么危险不危险的，就想着“车上的人可能受伤了，得把人救出来”，然后便一起跑到了现场。

据他讲，当时车底部已经开始起火，而他们也闻到了酸味。但是他们并没有理会那么多，而是直奔驾驶室。在他们的帮助下，驾驶室内的一名年轻男子很快便被救出。而年轻男子脱险后，并没有离开，而是一个劲儿地喊：“里面还有一个，还有一个呢！”他们马上又去救驾驶室里面那位上了年纪的男子。但该男子似乎伤得很重，行动受到了限制，自己根本爬不出来。没有办法，几名绿化工人只好一起使劲，把驾驶室的车门“硬掰”了下来，然后才把那名男子救出。

“为了防止车子起火爆炸，把人救出后，我们用浇草坪的水扑灭了车子底部的火苗。”张树志称，随后，他们把两名受伤男子抬到了公路上。两名伤员被救出时，神志还比较清醒，其中一名男子称，车祸发生前，车子突然失灵，因为失去了控制，所以才会翻到桥下。在途经的一位司机的帮助下，绿化工人第一时间拨打了 110、120 和 119，两名伤员很快被送到了最近的医院进行急救。

车祸发生后，公安、消防、安监、环保等多个部门先后派员赶到了现场，当地政府的主要负责人也赶到现场指挥抢险救援。经过消防官兵取样，证实槽罐车内装载的是 pH 值为 0 的强酸，但具体数量无法估算。万幸的是，事故发生在一处排污渠上，距离水源地较远，因此此次事故估计对当地居民的饮用水应该不会造成污染。当日 15 时左右，抢险人员用大批强碱“中和”泄漏出来的强盐酸。

由于处置得当，此次车祸造成的污染度已经被降到了最低。

第二节　本质安全，以防为本

千条路，万条路，迈好安全第一步。

规程是生命之本，违章是安全祸根。

河水流得快，是靠了岸的约束；生产高绩效，是有了安全的保证。

魏文王问名医扁鹊：“你们家兄弟三人，都精于医术，到底哪一位最好？”

扁鹊答：“长兄最好，中兄次之，我最差。”

文王再问：“为什么你最出名呢？”

扁鹊答：“长兄治病，是治病于发作之前，一般人不知道他事先就能铲除病因，所以他的名气无法传出去；中兄治病，是治病于病情起初时，一般人以为他只能治轻微的小病，所以他的名气只及本乡里；而我是治病于病情严重时，一般人看到的是大手术，他们以为我医术高明，名气因此响遍全国。”

预防的成本远远比治疗疾病的“本”（造成疾病的原因）以及治疗疾病的“表”（表现出来的症状）要便宜得多。种种造成安全事故的“本”以及“表”是要“治疗”的，但更经济、更划算的还是重在预防。有安全隐患就要动脑筋去发现、去处理。如果发现了不安全因素却不理不睬、不重视，就埋下了事故的导火索，随时可能引爆，造成他人以及财产的损失。

安全生产最重要的就是要预防。像治疗疾病一样，预防是前沿阵地，是防止疾病产生的最佳选择。当今大企业，工矿设备需要我们去维护，需要我们去操作，每个岗位都有它的技术标准，安全规则，以及前辈师傅们的工作经验。

所以我们先要会学习，虚心听取同行的经验和教训，而且要掌握要领，这是防止安全事故发生的最佳选择。

人的生命只有一次。所以，安全生产是开不得玩笑的。其中，很多特殊工种对安全的要求性更高，也就更容易造成安全事故，所以，特殊岗位的人就更应该学习好该岗位各项安全知识，必须经过安全培训，持证上岗。各方面严格要求了自己，防范到位，生命也就安全了。

一些人不爱穿戴好劳保用品，虽然看起来并不影响生产，却是造成不安全的一个重要因素。像焊工不戴口罩是非常吃亏的。长期吸入各种有毒烟气会造成机体中毒，危及生命。所以，安全生产重在预防，来不得一点侥幸。

虽然有了安全防范也会存在安全事故威胁，但有防范总比不防范要好得多。像对付疾病的产生一样，预防总比治疗好。现在的某些疾病还是不能根治的。所以，预防应该永远是第一位的。

俗话说：安全是天，生死攸关。安全是人类生存和发展的基本条件，安全生产是关系职工生命和财产安全、家庭幸福和谐，关系到企业兴衰的头等大事。对于化工企业来说，安全就是生命，安全就是效益，唯有安全生产这个环节不出差错，企业才能更好的发展壮大；否则，一切皆是空谈。

安全生产，得之于严，失之于宽；在安全生产和安全管理的过程中，我们时常会看到因为一些小节的疏忽而酿成大的事故，一切美好的向往、对未来的美好憧憬也将随着那一刹那的疏忽而付之东流。

安全生产只有起点没有终点。安全生产是永不停息、永无止境的工作，必须常抓不懈，警钟长鸣，不能时紧时松、忽冷忽热，存有丝毫的侥幸心理和麻痹思想。更不能“说起来重要、做起来次要、干起来不要”，安全意识也必须渗透到我们的灵魂深处，朝朝夕夕，相伴你我。我们要树立居安思危的忧患意识，把安全提到讲政治的高度来认识。安全生产虽然慢慢步入良性循环轨道，但我种下安全的根，才会收货效益的果。

们并不能高枕无忧。随着科技的发展与进步，安全生产也不断遇到新变化、新问题，我们必须善于从新的实践中发现新情况，提出新问题，找到新办法，走出新路子。面对全新而紧迫的任务，更要树立“只有起点没有终点”的安全观念。真正做到“未雨绸缪”，防患于未然。

安全生产方针是“安全第一、预防为主、综合治理”，“预防为先，应该安全为首”才能有效降低建筑施工企业安全事故发生的频率。“预防为主”主要体现在两个方面：责任意识预防和实际操作预防。

一、人的心理预防

很多企业目前均存在侥幸心理，企业在管理中安全责任意识淡薄，没有从责任感、意识层次上进行预防。安全第一、预防为主，更应该体现在从心理上真正地做好思想准备工作，从意识上、从责任感上、从思想上做好准备。我们国家大多数企业在安全管理工作中，大家都知道安全管理的重要性，安全管理可以给企业带来无形的经济效益，因为经过过程中的努力，工作自始至终平安完成，给企业在安全管理上带来了效益、给企业在脸面上带来荣耀、给企业下一步发展带来空间和无形的评价。但是，我们也有很多企业没有从思想上重视安全管理，也有些企业带来了破灭性的灾难。心理预防的层次性在于：

（1）企业领导从日常管理上给予重视。经常性检查巡检安全管理工作的要点，经常指引安全工作者在工作中的不足和优点，总结安全管理过程中的难点和事故易发环节。

（2）企业领导从日常抓进度、抓质量的同时抓安全、抓安全效益。从思想上重视安全管理工作，一个好的工程项目离不开领导的重视和支持，更离不开全体团队的努力和汗水，离不开思想意识上的重视。从日常项目安全管理细节入手，促进安全管理工作，保证安全管理工作每个层次衔接实施的有效性，思想意识链能够得到有效体现。通过安全生产责任制的有效落实和定期检查落实能够从思想上避免各类事故发生，能够给整个团队带来氛围，促进共同抓安全，齐抓共管保安全，使每个岗位人员能具备安全管理的思想意识，才能确保整个工程顺利开展。

（3）从现场每个角落对每个细节部位进行跟踪安全检查指导，关注每个作业人员的情和周边环境安全状态，从安全责任制入手，在工作的同时以自身安全为主，另外还要保护别人。主动出击，有效落实整改项目，分析每个角落的安全隐患，才能给项目给企业带来无形的安全效益。

（4）加强对一线作业人员的思想安全教育，使之能够从心里产生保护自己保护他人的意识。从安全事故案例分析与各类图片展示警戒大家提高预防策略，从而避免工作中发生因疏忽大意或违章操作等造成安全事故。

二、控制预防物的不安全状态

物的不安全状态主要表现在以下几点:

(1) 设备、装置有缺陷，例如设备陈旧、安全装置不全或失灵、技术性能降低、刚度不够、结构不良、磨损、老化、失灵、腐蚀、物理和化学性能均达不到规定等。

(2) 施工场所的缺陷，例如工作面狭窄、施工组织不当、多工种立体交叉作业、交通道路不畅、机械车辆拥挤等。

(3) 物质及环境具有危险源，例如物质方面有：物品易燃、毒性、机械振动、冲击、旋转、抛飞、剪切、电器漏电、电线短路、火花、电弧、超负荷、过热、爆炸、绝缘不良、电器无漏电保护、高压带电作业等。环境方面有：台风、雷电、高温、桩井有害气体、焊接烟雾、噪声、粉尘、高压气体、火源等。这些有害因素都会导致施工人员在不能满足安全操作规程要求时发生工伤事故。

在《企业职工伤亡事故分类标准 GB6441-86》中明确列出了“不安全行为”的具体项目，见下表：

企业职工伤亡事故分类标准 GB6441-86 附录 A6（补充件）

分类号	不安全状态
6.01	防护、保险、信号等装置缺乏或有缺陷
6.01.1	无防护
6.01.1.1	无防护罩
6.01.1.2	无安全保险装置
6.01.1.3	无报警装置
6.01.1.4	无安全标志
6.01.1.5	无护栏或护栏损坏
6.01.1.6	(电气）未接地
6.01.1.7	绝缘不良
6.01.1.8	局扇无消音系统、噪声大
6.01.1.9	危房内作业

续表

分类号	不安全状态
6.01.1.10	未安装防止“跑车”的档车器或档车栏
6.01.1.11	其它
6.01.2	防护不当
6.01.2.1	防护罩未在适当位置
6.01.2.2	防护装置调整不当
6.01.2.3	坑道掘进、隧道开凿支撑不当
6.01.2.4	防爆装置不当
6.01.2.5	采伐、集材作业安全距离不够
6.01.2.6	放炮作业隐蔽所有缺陷
6.01.2.7	电气装置带电部分裸露
6.01.2.8	其它
6.02	设备、设施、工具、附件有缺陷
6.02.1	设计不当，结构不合安全要求
6.02.1.1	通道门遮挡视线
6.02.1.2	制动装置有缺欠
6.02.1.3	安全间距不够
6.02.1.4	拦车网有缺欠
6.02.1.5	工件有锋利毛刺、毛边
6.02.1.6	设施上有锋利倒梭
6.02.1.7	其它
6.02.2	强度不够
6.02.2.1	机械强度不够
6.02.2.2	绝缘强度不够
6.02.2.3	起吊重物的绳索不合安全要求
6.02.2.4	其它
6.02.3	设备在非正常状态下运行
6.02.3.1	设备带“病”运转
6.02.3.2	超负荷运转
6.02.3.3	其它
6.02.4	维修、调整不良
6.02.4.1	设备失修
6.02.4.2	地面不平
6.02.4.3	保养不当、设备失灵
6.02.4.4	其它
6.03	个人防护用品用具、防护服、手套、护目镜及面罩、呼吸器官护具、听力护具、安全带、安全帽、安全鞋等缺少或有缺陷

续表

分类号	不安全状态
6.03.1	无个人防护用品、用具
6.03.2	所用的防护用品、用具不符合安全要求
6.04	生产（施工）场地环境不良
6.04.1	照明光线不良
6.04.1.1	照度不足
6.04.1.2	作业场地烟雾尘弥漫视物不清
6.04.1.3	光线过强
6.04.2	通风不良
6.04.2.1	无通风
6.04.2.2	通风系统效率低
6.04.2.3	风流短路
6.04.2.4	停电停风时放炮作业
6.04.2.5	瓦斯排放未达到安全浓度放炮作业
6.04.2.6	瓦斯超限
6.04.2.7	其它
6.04.3	作业场所狭窄
6.04.4	作业场地杂乱
6.04.4.1	工具、制品、材料堆放不安全
6.04.4.2	采伐时，未开“安全道”
6.04.4.3	迎门树、坐殿树、搭挂树未作处理
6.04.4.4	其它
6.04.5	交通线路的配置不安全
6.04.6	操作工序设计或配置不安全
6.04.7	地面滑
6.04.7.1	地面有油或其它液体
6.04.7.2	冰雪覆盖
6.04.7.3	地面有其它易滑物
6.04.8	贮存方法不安全
6.04.9	环境温度、湿度不当

三、人的不安全行为预防

据有关统计资料分析，绝大多数工伤事故都是由人的不安全行为造成的。不久前，深圳某工地一群民工为追讨工资，爬到高层建筑的外脚手架上欲往下跳，通过做有效的思想工作，工人们一个个陆续下来了，但有一个人患有恐高症死活都不肯下来，最后不得不动用消防人员才将其请了下来。所以，对经过体检发现患有高血压、心脏病、精神病、癫痫病、恐高症以及医生认为不宜登高作业的人员应绝对禁止高处作业，只有体检合格的人员方可上岗。

广东省肇庆市某工地发生了一宗触电事故。原因是有 8 名工人把一条长 7 米、直径为 90 厘米的钢筋笼移动放入桩孔，当钢筋笼落入桩孔 1 米深时，钢筋笼失去平衡，倾斜碰在邻楼支架在墙上的 220 伏供电线路绝缘的接口处，由于接口包扎的绝缘层腐烂导线裸露致使钢筋笼带电，造成 8 人触电，其中 2 人经抢救无效死亡。主要原因是施工组织设计欠缺，造成施工工作面达不到安全规范要求以及没有用电安全技术措施才导致了工伤事故的发生。

广东省兴宁市某工地发生了人工挖孔桩作业中毒和窒息事故，造成 3 人死亡的三级重大事故。原因是由于连降暴雨，使工地严重积水，通过抽水，部分桩孔内积水基本抽干，待通风 15 分钟后，一民工急于下井施工，下去后即刻昏倒，2 名工友见状先后下井救人，均昏倒在孔井底，经多方抢救无效死亡。事故主要原因是对井下缺氧和有害气体的防范未能给予重视，忽视了对井内空气的检测。另外，同班作业的民工安全意识差，盲目下井抢救，因抢救不当以致丧生是造成 3 人死亡的直接原因。

所以，抓好新工人的“三级”安全教育培训、特种作业教育和安全生产操作规程教育工作，制定和落实安全生产岗位责任制和安全生产规章制度，做好安全技术交底和安全检查工作，建立标准化作业制度，经培训后持证上岗等，以培养提高施工人员的自我保护能力，增强安全意识，是搞好安全生产管理的重要环节。

在《企业职工伤亡事故分类标准 GB6441-86》中明确列出了“不安全行为”的具体项目，见下表：

企业职工伤亡事故分类标准 GB6441–86 附录 A7（补充件）

分类号	不安全行为
7.01	操作错误，忽视安全，忽视警告
7.01.1	未经许可开动、关停、移动机器
7.01.2	开动、关停机器时未给信号
7.01.3	开关未锁紧，造成意外转动、通电或泄漏等
7.01.4	忘记关闭设备
7.01.5	忽视警告标志、警告信号
7.01.6	操作错误（指按钮、阀门、搬手、把柄等的操作）
7.01.7	奔跑作业
7.01.8	供料或送料速度过快
7.01.9	机械超速运转
7.01.10	违章驾驶机动车
7.01.11	酒后作业
7.01.12	客货混载
7.01.13	冲压机作业时，手伸进冲压模
7.01.14	工件紧固不牢
7.01.15	用压缩空气吹铁屑
7.01.16	其它
7.02	造成安全装置失效
7.02.1	拆除了安全装置
7.02.2	安全装置堵塞，失掉了作用
7.02.3	调整的错误造成安全装置失效
7.02.4	其它
7.03	使用不安全设备
7.03.1	临时使用不牢固的设施
7.03.2	使用无安全装置的设备
7.03.3	其它
7.04	手代替工具操作
7.04.1	用手代替手动工具
7.04.2	用手清除切屑
7.04.3	不用夹具固定、用手拿工件进行机加工
7.05	物体（指成品、半成品、材料、工具、切屑和生产用品等）存放不当
7.06	冒险进入危险场所
7.06.1	冒险进入涵洞
7.06.2	接近漏料处（无安全设施）
7.06.3	采伐、集材、运材、装车时，未离危险区
7.06.4	未经安全监察人员允许进入油罐或井中

续表

分类号	不安全行为
7.06.5	未“敲帮问顶”开始作业
7.06.6	冒进信号
7.06.7	调车场超速上下车
7.06.8	易燃易爆场合明火
7.06.9	私自搭乘矿车
7.06.10	在绞车道行走
7.06.11	未及时瞭望
7.08	攀、坐不安全位置（如平台护栏、汽车挡板、吊车吊钩）
7.09	在起吊物下作业、停留
7.10	机器运转时加油、修理、检查、调整、焊接、清扫等工作
7.11	有分散注意力行为
7.12	在必须使用个人防护用品用具的作业或场合中，忽视其使用
7.12.1	未戴护目镜或面罩
7.12.2	未戴防护手套
7.12.3	未穿安全鞋
7.12.4	未戴安全帽
7.12.5	未佩戴呼吸护具
7.12.6	未佩戴安全带
7.17.7	未戴工作帽
7.18.8	其它
7.13	不安全装束
7.13.1	在有旋转零部件的设备旁作业穿过肥大服装
7.13.2	操纵带有旋转零部件的设备时戴手套
7.13.3	其它
7.14	对易燃、易爆等危险物品处理错误

因此，从预防为主的思想上建议每个建筑施工企业应该下工夫，从责任意识上、从实际操作上找找原因，常抓不懈方可大大减少，避免各类建筑事故，给企业带来无形的效益，给社会带来和谐。

第三节　培训到位，有效奖惩

为他人创造安全的人，永远都是幸福的人。

对“三违”的容忍，就是对职工的残忍。

安全就在工作之中，工作时时应讲安全。

企业安全文化作为企业文化的一部分，其形成和发展首先是从生产实践出发，经归纳总结形成，再用于安全生产实践。因此，它在企业建设当中有着举足轻重的意义。现代企业的大规模发展，更为企业的安全文化提供了丰富的内涵。要想抓好安全生产工作，就必须重视生产领域的安全，首先要从“人”抓起。人，是企业的主宰，所以提高人的安全意识、安全水平，强化安全、法制观念，树立正确的安全理念，是安全文化素养的主要表现手段。企业的员工人数众多，在自身的修养方面各有差异，层次区分明显，因此对安全的理解深浅不一，通过开展丰富多样的企业安全文化活动，可以引导员工关注安全、体会安全、共同提高。因此，企业安全文化建设很有必要。

除了制度之外还有一个重要条件影响着安全问题，那就是人的安全意识。有效地对员工进行安全培训是提高员工的安全意识的一个重要方面。

不少事故肇事者多为入厂时间不长的新员工，而且事故发生在一年中的上半年阶段居多，出现类似问题的主要原因是没有做好安全基础知识教育的普及和没有做好安全知识的及时更新工作，这充分说明了培训依然是安全管理的一个薄弱环节。

佛祖支招

安全管理，教育先行。对职工进行安全教育，是安全管理的一项最基本的工作，也是确保安全生产的前提条件。只有加强安全教育培训，不断强化全员安全意识，增强全员防范意识，才能筑起牢固的安全生产思想防线，才能从根本上解决生产中存在的安全隐患。安全与生产是辩证的统一，相辅相成，安全教育既能提高经济效益，又能保障安全生产，所以安全教育必须在生产过程中进行。

（1）安全教育培训工作可以提高各级负责人的安全意识。加强企业领导、各部门负责人及班长等的教育培训工作，可以提高他们对安全生产方针的认识，增强安全生产责任制和自觉性，促使他们关心、重视安全生产，积极参与安全管理工作。

（2）安全教育培训工作可以有效地遏止事故。违章是安全管理的一大难题。“违章作业等于自杀”，“领导违章指挥等于杀人”。要遏止事故，杜绝事故，必须通过开展全方位经常性扎扎实实的安全教育培训，通过灌输各种各样的安全意识，逐渐在人的大脑中形成概念，才能对外界生产环境作出安全或不安全的正确判断。

（3）安全教育培训工作可以大大提高队伍安全素质。安全教育培训体现了全面、全员、全过程的覆盖生产现场，通过安全教育培训工作完成“要我安全”到“我要安全”最终到“我会安全”的质的转变。

安全教育培训不仅要看是否进行了培训，培训达到了多少人，更重要的是要有针对性，抓难点，填空白点，扩大受训覆盖面，提高培训教育质量。当前安全教育培训存在的薄弱点大致有以下几个方面：

（1）培训教育针对性不强。安全生产管理工作是一项涉及面广的重要工作，为此要有针对性地对不同工种、不同人员及不同专业组织安全生产培训，重点应区分不同类别和岗位层次以及实际岗位技能进行安全操作培训，使参培者真正掌握一定的专业安全知识，克服只懂理论、不懂操作规程，违章蛮干、事故频发的弊端。

（2）安全培训投入不足。说到培训教育，很多人认为这是安监部门又在找事做。没有树立安全培训教育观念，只顾眼前，不重视人的安全素质的提高，看不到安全培训的长远效益。再加上有的培训只流于形式，往往只发给教材、试卷，让其自行进行学习，难以保证效果。

安全教育工作的完善与对策：

（1）明确安全教育工作的内容。安全教育工作不仅是传授安全知识，更重要的是把学到的安全知识转化为一种本领。安全教育是一种规范的教育，教育的内容包括安全知识、安全技能、安全态度和劳动保护法规等。

（2）掌握安全教育的特点。安全教育不论是理论知识，还是反典型教育，都要求让人们容易理解，这样才能使安全教育培训做到深入浅出，通俗易懂。再就是安全教育要有针对性、阶段性、全员性及长期性。

（3）注重安全教育培训的形式。安全教育不是形式上的东西，如果只是机械地进行，是难取得好的效果的。安全教育要有具体内容，要有组织，有步骤地进行，必须采取集中教育与个别教育和规范教育与自由教育相结合的方式。

总之，要开展好安全教育培训，做到防患于未然，就要根据安全教育的特点，开展多种形式的安全教育，保证安全教育的经常化、普遍化和规范化。只有抓好安全教育培训，才能确保安全生产形式的稳定，实现安全生产的“可控，在控”。

广泛开展安全生产知识技能教育培训，深入推进安全文化建设，加强岗位培训，提高了安全监管能力和水平。

（1）以开展“安全生产月”等活动为载体，深入推进安全文化建设，进一步做好安全生产法律法规、方针政策和知识技能的宣传普及工作，树立先进典型，确保人人接受安全教育、树立安全意识、具备安全技能。

（2）加强重点岗位和重点人员的安全生产教育培训，依法监管施工企业“三类人员”（特种作业人员、专业技术人员以及新招、转岗和复工人员）接受教育培训，熟悉相关法规、掌握安全技能，经考核合格，持证上岗。

（3）加强安全监管和管理队伍建设，制定教育培训计划，突出抓好安全生产主管领导和安全部门负责人的教育培训工作，不断提高安全监管的意识和能力。

为了提高培训的效果，在培训时，通过在屏幕上显示一幅幅照片：有化学烧伤的双手，有事故致残的伤员，甚至有离断的手指……现场的员工不时地发出唏嘘声，为血淋淋的事故现场而惊讶，为事故中的伤者表示同情，一幅幅照片触目惊心，让刚刚走上工作岗位的员工第一次直观地感受到什么是危险。走上了工作岗位，对于他们，事故将不再是课本里的一个概念，而是血淋淋的悲剧。在接下来的培训中，员工认真地了解生产环境中的各种危险因素，学习了各种安全设备设施及劳动保护用品的使用，以及各种伤害的急救及自救方法，比如利器割伤、触电、失火甚至离断肢体的处理。在这些员工眼里，课堂上讲的知识不再是用于应付考试，而是成为切实地帮助他们安全生产的工具。当他们走出课堂时，安全生产将不仅作为一个词，而是作为自己的责任时刻印在脑海里，时刻提醒他们要安全地工作，保障自己和身边同事的安全。

为了更好地进行安全培训，要学习在安全生产中好的做法。比如日本玄海核电站的所有职工，上岗前都必须通过仿真机进行业务研修培训，实际操作技能符合岗位要求后才能上岗。韩国安全教育培训在专门设计的模拟现场进行，很接近实际，对于危险场所和危险工种的安全培训，则利用三维动感设备，让职工亲自操作，如果误操作或事故隐患不排除，导致的灾害后果（如触电、高空坠落、撞击等）就立刻显现出来。

在安全培训中应遵循以下原则，才能让安全生产的意识深入人心，落到实处：在态度上，要强调参与感和危机感，使员工感受更深，员工就能更积极主动地学习；在培训的知识内容上，要充分、简明，让员工易于接受，便于记忆；在临场培训时，进行实地实景演习。这样当事故真的发生的时候，员工就能沉着冷静地处理；还要不断改进培训的方法和内容。

安全培训不仅需要相应的制度和法规进行规范，还需要负责培训的人员不断地探索更好的方式、方法，这样员工就容易理解、记住和接受培训的内容并用以指导日常的生产操作，从而使安全培训真正成为安全生产的重要保障。企业安全管理者根据企业内外安全生产环境的变化，结合企业的历史、现状和发展趋势，从企业的生产实践中总结，提炼出企业安全生产理念或价值体系，作为企业安全生产的方针和原则。具体来说，就是围绕企业安全生产而形成的一系列理论。曾经有不少的企业认为，提高安全管理水平无非就是出几本宣传手册，组织一些员工开展文体活动、搞搞培训而已。其实企业安全文化的内容远不止于此，这种形式上的工作也许可以使企业看上去欣欣向荣，但实际对企业生产经营的作用不大。日本经营业先驱松下幸之助指出："企业可以凭借自己高尚的价值观，把全体员工的思想引导到自身意想不到的高境界，产生意想不到的激情和工作干劲，这才是决定企业成败的根本。"大家也许听说过，在日本企业，许多员工以能为企业贡献为荣，甚至放弃双休日、节假日。而在有的企业，即使给了加班费都有不愿意加班的现象存在。海尔首席执行官张瑞敏在分析海尔经验时说过："海尔过去的成功是观念和思维方式的成功。企业发展的灵魂是企业文化，而企业文化最核心的内容是价值观。"这与松下幸之助的观点不谋而合。事实上，海尔文化的形成完全是自身努力的结果，是不断探索积累的结果。众所周知，国企的改革难度很大，难在人的思想、行为的改变上。然而海尔在20世纪80年代就开始推行自己的管理模式，海尔文化的延续是在兼并中求发展。当年兼并青岛洗衣机厂时，只派了三个人去，一个总经理、一个会计师、一个企业文化中心经理，他们用海尔的企业文化、海尔的管理模式救活了这个企业，短时间内使其扭亏为盈。当时有二十多人上街闹事，排斥这种管理模式，理由是原来工资很少，可以不干活，现在工资虽然是过去的几倍，但这么严格的管理使人受不了。公司派去的负责人通过给大家分析利弊，最后由全体职工自己讨论决定，结果是同意接纳这种管理模式。事实证明海尔的发展思路是对的。所以说企业的发展转变，其实就是新旧文化的碰撞，就是人的思想、行为的改变、发展，就是建立新型企业文化的氛围。

安全生产事关人民群众的根本利益，如何在实际工作中抓好安全，真正做到全员自主管理，这恐怕还需要一个较长的时期。企业应走出传统的管理模式，建立起新型企业文化的氛围，杜绝出现一方面员工对安全视若无睹，另一方面又对安全生产大讲、特讲的怪现象。企业安全文化的形成是企业向“人本管理”转变的重要标志，企业应将安全文化作为企业文化建设的重要组成部分，纳入企业工作计划日程，并尽可能地给予政策上和物质上的支持。企业的安全文化建设可以从以下几个方面入手：

1. 安全文化的培养

（1）安全思想教育。主要是针对全体员工，就安全认识长期进行思想、态度、责任、法制、价值观等方面的系统教育，从根本上提高其安全意识，树立“安全第一”的观念。

（2）安全知识教育。通过一定的手段（如讲座、黑板报、培训班等）对职工进行生产作业安全技术知识、专业安全技术知识等教育，加强其自我保护意识。

（3）创造安全文化氛围。通过各种形式的安全活动，逐步形成企业安全文化的浓厚氛围，制造安全需求环境。

2. 安全文化的教育

（1）建立强有力的企业安全管理机制。一是切实执行“企业负责制”，各层次人员逐级落实责任，建立起纵向到底、横向到边的安全管理网络；二是切实履行“社会监督”职责，奖惩严明、行之有效。

（2）建立健全各项规章制度。所谓执法有依，有了完善的安全法规和制度以及安全规程，就可以规范员工的安全行为，起到约束作用。

（3）有了健全的规章制度，并不是说就可以高枕无忧了，必须将死的制度变成活的思想。通过对员工的宣传教育，使其能掌握并接受，最终形成员工的一种自主行为。

3. 行为安全文化教育

理论要与实践相结合，一个人树立了正确的安全观念，掌握了一定的安全知识还不够，必须进行反复的技能训练，才能真正做到自我保护、安全作业。

4. 安全本质化培训

整个安全强化过程要按照 PDCA 循环的方式来加以提高。事故危险的消除、制度的建设、现场的监督、可靠的安全设施、先进的技术、优良的作业环境缺一不可。

企业安全文化建设必须统一布置，分步实施，建立长效机制。通过建立、完善企业文化，改变员工的思想、行为以及价值观，形成积极向上的团队氛围，在这样的前提下，再创建企业的安全文化，规范员工的安全行为，让安全管理工作逐步向自主管理、团队管理这样更高的目标发展。

第四节 “4E”安全管理

质量标准化，连着你我他，安全靠自己质量靠大家。

措施不兑现，事故在眼前。

安全规程就像一把“保护伞”，时时刻刻保护着我们的生命。

“4E”安全管理，就是从加强班组安全文化建设入手，实施严格、规范，精准化班组管理，构建安全生产长效机制，把班组安全文化融入企业文化建设之中，通过开展多种形式的班组安全文化园地活动，使安全文化理念内化于心、固化于制、外化于形，与安全生产和谐共振，不但可以培养班组群体的安全价值观，且赋予企业安全文化新的内涵，而且为班组安全管理提供组织保障和科学引导。

一、发挥班组安全文化建设园地的横向交流作用，为提高班组管理水平搭建学习交流的平台

"企业千条线、班组一根针。"班组是企业最基本的生产单位，也是企业安全管理的最终落脚点，班组安全文化建设的好坏直接影响着企业安全生产和经营目标的实现。班组长作为班组的管理者，是企业安全生产管理的骨干，其自身素质和管理水平直接影响整个班组的工作效率和工作质量。在实际工作中，大多数班组长都能够敬业爱岗，吃苦奉献，并带领职工群众扎实工作，能较好地完成各项工作任务，为企业的改革发展做出积极贡献。但也有个别班组长"安全第一"的思想不够牢固，重生产轻安全的思想比较严重，甚至有个别班组长违章指挥，带头违章作业，给现场安全埋下了隐患；还有部分班组长学习积极性不高，对"安全文化"一词的认识还不够到位，不注重学习新知识、新技能，管理思想比较陈旧，管理方法比较简单，不但制约了班组安全文化建设的步伐，造成了班组安全生产的不稳定性，而且影响了职工的工作积极性的发挥。为此，企业要从创新班组日常安全管理工作入手，围绕提高班组长的安全理念、创新理念和安全管理水平，设计开辟班组安全文化建设园地活动。活动采取专题访谈、课题攻关、观点辩论等方式，每季度确定一个交流主题，全方位对班组长进行培训。随着企业安全形势持续稳定发展，会不断探索班组安全文化活动的形式和方法，将班组安全文化的重点逐步由安全理念渗透向培育本质型安

全人目标方向发展。围绕提高班组安全文化活动的质量和效果，以班组安全文化园地为载体，在形式上，由固定地点改为进区队、入班组、到现场；在方法上，由过去的提供式改为跟踪式。即按季度将班组安全文化活动分为三个阶段进行：第一个月为主题宣传发动月阶段，通过组织召开不同类型的座谈会、合理化建议征集等形式，围绕活动主题集思广益、献计献策。第二个月为调研论证阶段，深入区队、班组、现场，广泛了解和搜集班组成员在实际操作中的成功经验、亲身感悟和点滴体会等素材，挖掘班组安全管理的先进经验，有针对性地制定整改措施。第三个月为推广普及阶段，通过举办班组安全文化交流活动，不断探索和寻求更加科学、更加规范、更加合理、更加人性化的班组安全管理方法，推广普及先进的班组安全管理理念和科学的班组管理制度，真正把科学的安全理念转化成为职工行为习惯和价值取向。通过班组安全文化建设园地活动的开展，班组管理工作出现了三个明显增强：一是班组长的责任意识明显增强，进一步明确了“兵头将尾”的地位，主动在班组管理中发挥核心和主心骨作用，凝聚职工抓好安全，搞好生产。二是班组长的安全意识明显增强，使他们认识到班组既是企业安全生产的第一道防线，又是企业安全管理的基础组织，也是企业完成安全生产各项目标的主要承担者和直接实现者，牢固树立了“安全第一、预防为主”的方针，不断增强班员的安全责任心和处理不安全事件的能力。三是班组长管理水平明显增强，通过学习和交流，把不同的管理经验学到了手，起到了相互借鉴、共同提高的作用，促进了企业安全生产管理水平的提高。

二、发挥班组安全文化建设园地的理念引导作用，努力提高班组长的安全意识

心态安全是安全文化建设的基础和前提，最能体现人本思想。无论是管理

者还是普通职工，只有心态安全，才会行为安全；只有行为安全，才能保证安全制度落到实处。经有关部门调查和统计，发现班组长的“三违”率非常高，几乎占许多企业“三违”总数的60%。经过认真分析，班组长“三违”率之所以高，最根本的问题就是观念问题，就是没有树立正确的安全理念，存在盲目追求产量、进度，迫使或诱发职工拼设备、拼体力，违章冒险蛮干，造成了班组管理工作方法简单、工程质量时好时差、职工违章屡禁不止等问题。为此，在班组安全文化建设园地活动中，突出理论灌输、理念渗透、管理引导“三个环节”，结合“4E”对生产作业现场的每一天、每一人、每一事、每一处都制定精细、准确、严格、规范的安全标准的精细化管理模式，开辟了“4E”精细化管理大家谈——班组安全文化交流活动，把班组安全管理提升到文化境界，使安全管理人人参与，做到纵到底、横到边，不留死角。同时，致力于打造持续安全的人文环境，培育共同的安全理念，不失时机地把提高班组长安全管理技能和组织协调能力作为班组安全文化活动的重点，让广大班组长围绕如何发挥好“兵头将尾”和“桥梁纽带”作用，结合多年来积累的工作实践经验，通过相互学习和交流，把班组长安全管理行为提炼归纳为“能干、会管、善谋”：能干，就是发挥好班组长表率作用，在安全生产中冲在前、干在前，成为班组成员在安全生产中学习的典型和效仿的榜样；会管，就是发挥好班组长前沿阵地“指挥官”的作用，履行好管理职责，严把“三关”：“安全生产关”、“工程质量关”、“经济分配关”，保质保量地完成生产任务；善谋，就是发挥好班组长的核心和主心骨作用，在提高班组成员业务技术上善于出谋划策，通过制定科学合理的奖惩激励机制，在班组内部形成“比、学、赶、帮、超”的浓厚氛围，促进班组成员业务素质的不断提高。

三、发挥班组安全文化建设园地的安全培训作用，努力提高班组长的安全技术素质

班组安全生产活动的质量是企业生产安全生产效果的决定因素。班组长是企业安全管理制度和各项安全决策的执行者和实施者，他们安全素质的高低是提高班组安全管理水平的关键环节。为此，开展班组安全文化建设园地活动中，要坚持做到四个结合，努力提高班组长安全技术素质。一是与“学技术、钻业务、练硬功、献绝活，争当技能型员工”竞赛活动相结合，通过学习和交流，让班组长主动参与到活动中，并引导他们努力争当活动的先锋和模范。通过主动刻苦学习，认真钻研，做到理论和实践相结合，应用于班组管理的全过程，提高管理水平。二是与开展“优秀区队长、优秀班组长、优秀安监员、优秀群监员、优秀协管员”竞赛活动相结合，在活动中，明确优秀班组长的条件，让他们在活动中严格按照标准要求自己，充分发挥自己的骨干作用。为促进这一活动的开展，可在班组安全文化建设园地活动中，让他们交流在优秀班组长竞赛活动中的做法和体会，分析存在的问题，帮助他们在活动中成长，在工作中进步，起到有力的促进作用。三是与开展创建“工人先锋号”活动相结合，在提高企业效益活动中，班组长同样发挥着不可替代的示范带头、加强管理的重要作用。进行以“双增双节”为主题的讨论，广泛征集他们的合理化建议，让他们主动为企业搞好成本管理、提高经济效益献计献策。在对基层单位自制加工、小改小革、技术创新情况进行筛选、立项和调研论证的基础上，举办“小改小革、技术创新”班组安全文化园地活动，交流推广科技创新成果，推广应用到安全生产之中，为企业的创新科学发展增添强劲动力。四是与开展弘扬劳模精神，贡献企业发展活动相结合。劳动模范的榜样力量是无穷的，具有非常重要的感召、示范和带动作用，组织班组长学习劳模精神，立足岗位奉献。为

进一步提高教育效果，可在班组安全文化建设园地中开辟“劳模风采”专题，请从事过班组长或正在从事班组长工作的劳动模范到活动现场，进行现身说法，谈他们的奋斗历程、管理经验，谈他们抓好安全工作的做法，通过这种教育方法，进一步增强班组长的责任感和事业心，为进一步提高班组管理水平发挥重要作用。

第五节　体系科学，监察完备

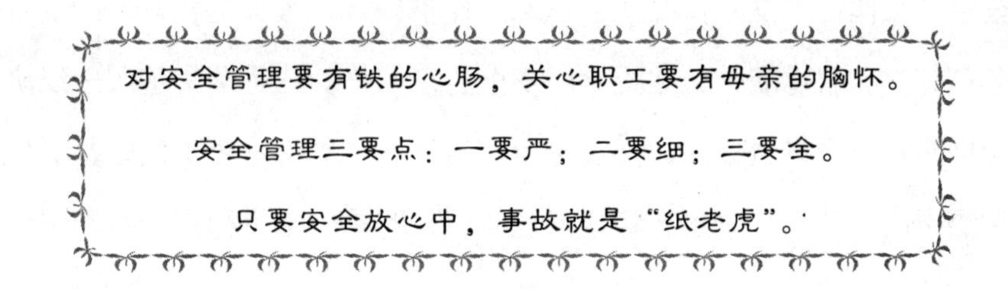

安全生产是一切工作的重中之重。各级管理人员一定要把安全放在首要位置，抓紧、抓好、抓出成效，没有安全作保障，一切工作都无从谈起。安全管理工作对于促进安全生产、消除事故隐患、减少人员伤亡、维护社会稳定，起着积极的促进作用。为此，安全保证体系和安全监察体系工作的创新势在必行。

一、创新责任制落实

认真落实各级人员安全生产责任制，特别是安全第一责任人。安全生产责任制是搞好安全生产工作的重要组织措施。多年实践证明，安全生产责任制落实得好，安全状况就好；反之，安全状况就差。为了能够落实好安全生产责任制，首先必须对各级各类人员及各部门在安全生产工作中的责、权、利进行明确界定，责、权、利不清，责任制就很难落实。通过与各级各类人员、各单位层层落实签订《安全生产责任书》的形式，逐级落实安全生产责任，并按责任和要求追究责任。

完善安全保证体系和安全监察体系，使之充分发挥作用。这是安全管理体系中的两个子系统，安全生产是由安全保证体系和安全监察体系共同努力完成的，不论哪个体系在系统运作过程中出现问题，都会影响安全生产的正常运转。因此，要不断完善安全保证体系和安全监察体系，认真抓好安全生产工作，必须做到：一是认真落实安全生产行政一把手负责制。各单位、各部门的主要负责人对安全生产负总责，要严格履行法律赋予的安全生产职责，一丝不苟地抓好安全生产工作。二是坚持齐抓共管的工作责任制，各单位和各部门要各司其职，各负其责，密切配合，共同做好安全生产工作。三是落实基层一线班组和重要岗位的安全生产责任制，把安全生产责任落实到每一个单位、基层班组和每个重要岗位，健全安全生产管理责任体系。四是严格执行安全生产责任追究

勇亡直前

制，解决责任落实不到位的问题，保障安全生产工作措施的落实。五是认真落实安全生产风险抵押制度。

二、创新安全培训

加强安全技术教育培训工作，提高人员素质。提高人员素质不仅是安全生产管理的要求，也是单位整体发展的需要。安全培训既要注重理论知识的提高，又要加强实际操作能力的提高。培训时要分层次、抓重点、分级培训、统一管理，尤其是加强对生产一线及新工人的安全生产知识教育培训；加强对重点岗位工人和特种作业人员的安全培训，确保持证上岗率达100%；积极开展安全生产管理人员的业务培训，进一步提高安全生产管理人员的政治和业务素质。同时，结合自身实际，组织进行现场消防等技能表演，提高职工应对和处置突发事件的能力。

要重点把握好培训对象、内容、形式、效果4个环节，切实提高培训内容的针对性、培训对象的层次性和培训形式的多样性，把安全知识、安全技术水平、业务能力与职工个人业绩考核相结合，与激励机制相结合，使职工达到较高的安全生产业务水平、较强的分析判断和紧急情况处理能力，使广大职工把安全作为工作、生活中的“第一需求”，实现安全工作“要我安全→我要安全→我懂安全→我会安全”的转变。

三、创新安全宣传

对安全生产进行大力宣传，引导职工进一步提高对安全生产极端重要性的认识，牢固树立“安全第一”的思想；坚持“小题大做、安全无小事”和“抓大防小，抓大不放小”的原则，对安全隐患一抓到底；教育各级管理人员和广大职工正确处理安全与生产、安全与效益、安全与改革、安全与发展的关系，真正把安全教育摆到重要位置，通过多种形式的宣传教育逐步形成“人人讲安全、事事讲安全、时时讲安全”的氛围，切实把安全生产作为“天字号”大事抓紧抓好。

四、创新安全管理

强化安全管理，具体工作中做到“三个创新”：一是监管手段创新。通过对安全管理人员进行培训，取得安全监管资格证，强化源头管理；同时，充分发挥安全生产领导小组的桥梁和纽带作用，加大安全生产法律、法规的宣传力度，提高单位依法从事安全生产的意识。二是激励约束机制创新。不断完善“事故查处制度”等，调动各级安全生产第一责任人做好安全生产工作的自觉性和主动性。同时，对安全生产工作成绩突出的单位和个人进行奖励。三是监督方式创新。积极探索新形势下安全监管工作的新思路、新做法，强化对安全生产工作的监督，通过舆论监督和群众监督，促进安全生产工作上水平、上层次。

各单位要健全安全生产监督管理体系，配精、配齐安全管理人员，做到专人专岗。要建立起完善的安全组织网络体系，使安全管理工作深入到生产施工的各个岗位、每个角落。要加强安全生产队伍自身建设，注意保持安全生产管理人员的相对稳定，强化安全生产管理人员的责任意识和大局观念，努力转变工作作风和管理创新，认真履行职责。

要开展对安全生产理论研讨和管理创新，针对安全生产工作中出现的新情况、新问题，转变观念，努力在管理手段、办法和措施上进行创新，充分运用现代化的新技术、新手段，特别是网络信息技术，使安全生产工作更加科学化、规范化，增加安全生产工作科技含量。严格安全管理，创新安全管理，做到超前防范，才能真正实现安全生产，保持安全生产形势长期稳定，开创安全生产工作的新局面。

人要有安全的意识，才会有安全的行为；有了安全的行为，才能保证安全。对企业来讲，职工是否具有强烈的安全意识则显得更为重要。所以，提高职工的安全意识是安全管理的重要内容。提高安全意识应从以下几方面入手：

（1）视安全为需要，提高自我安全意识。安全意识因人的知识水平、实际经验、社会地位等方面的不同而不同。按美国心理学家马斯洛提出的需要层次结构论，把人的需要从低向高分为生理、安全、社交、尊重、自我实现5个层次。其中安全被列为基本的需要，是人对高级的物质需要和精神需要的基础；是人的行为活动的原动力。

（2）学习规程和安全技术，增加安全理性意识。学习规程和安全技术是提高安全知识水平最直接、最有效的方法。各单位、班组要定期开展规程学习和考试制度，才能实现安全意识由量到质的飞跃。只有通过学习，积累、提高安全知识，安全意识活动的积极能动性才会被释放、激发。而且通过学习过程中的感觉、知觉，使表象不断上升为概念、判断、推理，并运用逻辑的、理智化的思维活动，将安全意识形成系统化、体系化、高度自觉化的理论体系和思想。这就是安全的理性意识。安全理性意识的形成不仅能使职工适应安全生产的需要，还能反映安全生产的本质特征和规律，能超前反映安全生产的未来发展趋势。这种理性意识能积极有效地指导人们的行为活动方向，为避免事故和差错奠定良好的心理预控思想。

（3）认真开展安全活动，不断强化安全意识。“安全活动”是在安全生产的长期实践中得出的预防事故的有效措施，是班组安全管理的重要内容。它为班组成员提供了安全思想、信息、技术、措施的交流场所。认真开展“安全活动”是提高安全意识的重要方法之一。

安全活动的重点就是语言、思想的交流，所以要求参加者发言，说出自己内心的认识、感知和印象是安全活动的重要内容。在安全活动中，通过大家的语言、思想交流、推理和判断把个人心里的感性认识最终转变为提高安全意识的推动力。

安全活动需要认真组织、合理安排，不能流于形式、降低质量。要定期开展，形成制度，使参加者的安全意识通过安全活动不断得到巩固、强化。安全活动要结合实际并有针对性。如对事故的处理，应做到“举一反三”，从事故中吸取经验和教训，用科学的方法防范类似事故的发生。这样才能开启每个人安全意识中的预见性和反思性，使安全意识的深度、广度得到发展，使安全意识的积极能动性得到发挥。

（4）“班前会”不容忽视，潜意识能为安全行为护航。“班前会”是安全管理中的一项有效措施。对提高安全意识来讲，“班前会”开得好还能产生“定势现象”。如在某一项检修工作前认真开好“班前会”，对工作任务、内容、安全注意事项、分工安排做细致、合理、科学严谨的交代，那么此项工作一定能安全、顺利地完成。这是一种未被职工自觉意识到的意识活动，也就是潜意识。这种潜意识所发出的能量不容忽视，它能为安全行为保驾护航。经常地运用和开发潜意识会使其向显意识转化。

（5）严肃考核习惯性违章，消除安全经验意识。辩证唯物主义认为，经验意识是人类意识的特殊结构，它由以往的生活经验、日常常识和朴素的感性知识构成，很显然，安全意识中也包括这种经验意识。而且正是受经验意识的左右，使习惯性违章屡禁不止。只有通过严肃考核习惯性违章和不断学习才能消除它的影响。另外，严肃考核习惯性违章也将逐步形成一种“人人讲安全，人人管安全”的良好安全氛围。

从职工对安全管理的态度来分析，其过程为：服从→同化→内化三个阶段。服从，即个人为避免惩罚而按照要求、规范采取的表面行为。这说明新工人对规程、管理制度刚开始的执行只是表面服从，然后才会受班组中其他人的思想行为的同化，最终从内心深处接受安全规章和制度。这说明严肃的奖罚会深刻影响一个人对安全的态度和意识。

第六节 实时沟通，信息共享

要灌输安全理念到别人的心里，先要自己成为一名安全卫士。

安全红花开在遵纪守法的枝头上；事故恶果结在违章蛮干的藤蔓间。

安全是增产的细胞，隐患是事故的胚胎。

建立现代化的安全信息网络，对不少企业是一个新课题。

如今，不少企业常常面临安全沟通不畅，信息无法及时获得，安全管理效率低下，部门和部门之间各自为政，安全难以统一管理和协调的现状。尤其是当企业业务流程日益复杂，业务与业务之间关联与交叉频繁，人与人、部门与部门、企业与企业的沟通和协作愈发凸显重要性的时候，企业安全管理更需要打破各种沟通和管理的屏障，实现对管理和运营各环节的掌控、调配和协作。而引进一套能充分发挥出协同理念和协同应用的 OA 办公系统，能有效帮助企业突破以上发展“瓶颈”。

一、安全知识管理平台

建立学习型企业，要更好地提高员工的安全知识学习能力，系统性地利用企业积累的安全信息资源、专家技能，改进企业的创新能力、快速响应能力，提高生产效率和员工的安全技能素质。

二、日常安全监督平台

将日常监督工作、任务变更等集成在一个平台下，改变了传统的集中一室的办公方式，扩大了办公区域。通过网络的连接，用户可在家中、城市各地甚至世界各个角落随时办公，检查安全工作。

三、安全信息集成平台

对于一些使用 ERP 系统的企业，已存在生产、销售、财务等一些企业经营管理业务数据，它们对企业的经营运作起着关键性作用，但它们都是相对独立、静态的；万户 ezOffice 具备数据接口功能，能把企业原有的业务系统数据集成到工作流程系统中，使企业员工及时有效地获取处理信息，提高企业的整体反应速度。

四、安全信息发布平台

建立安全信息发布平台的标准流程，规范化运作，为企业的信息发布、交流提供一个有效场所，使企业的规章制度、新闻简报、技术交流、公告安全事项等都能及时传播，而企业员工也能借此及时获知企业的安全动态。

五、安全协同工作平台

将企业各类业务集成到 OA 办公系统当中，制定标准，将企业的传统垂直化领导模式转化为基于项目或任务的“扁平式管理”模式，使普通员工与管理层之间的距离在物理空间上缩小的同时，心理距离也逐渐缩小，从而提高企业团队化安全协作能力，最大限度地释放人的创造力。

六、安全公文流转平台

企业往往难以解决公文流转问题，总觉得文件应该留下痕迹，但是在信息化的今天，改变企业传统纸质公文办公模式，企业内外部的收发文、呈批件、文件管理、档案管理、报表传递、会议通知等均采用电子起草、传阅、审批、会签、签发、归档等电子化流转方式，同样可以留下痕迹，真正实现无纸化办公。

七、企业通信平台

也就是企业范围内的电子邮件系统，使企业内部通信与信息交流快捷流畅，同时便于安全信息的管理。

八、易用性

易用性对软件推广来说最重要，是能否帮助客户成功应用的首要因素，故在产品的开发设计上尤为重点考虑。一套软件功能再强大，但如果不易用，用户会产生抵触情绪，很难向下推广。

九、门户化、整合性

协同办公系统只是起点，后续必然会逐步增加更多的系统建设，如何将各个孤立的系统协同起来，以综合性的管理平台将数据统一展示，选择具有拓展性的协同办公系统就成为后向一体信息化的关键，如对 HR 系统、AD 域、邮件系统、档案系统（泰坦、量子、科仪等）、短信系统、电子签章、CA、即时通信等进行深入整合。

十、移动性

随着 3G 的推出，各厂家纷纷关注手机应用的支持，通过电脑即可向各车间班组甚至个人发送当日当晚即时的安全生产消息，以及安全生产提示。同时也可反馈生产人员的即时信息，意外情况的咨询，而不至于在不了解情况，来不及了解情况的特殊紧要关头，擅自做主，盲目行动。可见，企业现代化的安全信息网络的建立，不仅可以提高生产效率，提高安全生产管理效率，更有利于安全管理知识的传播，日常安全监督的实施。

十一、科技是安全文化的精华

科技保安全又可叫做科学安全文化，它影响着安全文化的品质和功能。安全科技在本质上处于文化的深层结构中，但在一般情况下，在安全文化的各个层次中都能见到它。安全科研活动是安全行为文化的重要内容；安全科研成果是安全文化的精华，是对安全精神文化的继承和发扬、创新和发展，同时也使安全文化的空间层次更加丰满，使实现安全的手段更加可靠。

在器物层次上，各种用于安全目的的先进工具和设施都是物化了的安全科技成果。安全物态文化是安全文化的表层部分，是人们受安全观念文化的影响所进行的，有利于自己的身心安全与健康的行为活动的产物，它能折射出安全观念文化的形态。因此，从安全物态文化中往往能看见组织或单位领导对安全的认识程度和行为态度，反映出企业安全管理的理念和方法是否科学，体现出整体的安全行为文化的成效是否显著。生产生活过程中的安全物态文化表现在：一是人的操作技术和生活方式与生产工艺和作业环境的本质安全性；二是生产生活中所使用的技术和工具等人造物及与自然相适应的安全装置、仪器仪表、工具等物态本身的安全可靠性。

在行为层次上，各种操作动作更有益于人的健康，各种设计、施工和验收行为等都更符合自然法则、更加人性化。在我国这个现代文明还有盲区、不讲科学的迷信活动仍有市场的发展中国家，在工业化程度不高、农业仍很落后的情况下，需要倡导的安全行为文化是：进行科学的安全思维；强化高质量的安全学习；执行严格的安全规范；进行科学的领导和指挥；掌握必需的应急自救技能；尊重因安全的需要而出现的各种活动，抓住机会因势利导，开展科学的安全防灾引导；进行合理的安全操作等。

在制度层次上，安全法律、法规、标准的制定更科学，科技含量更高。科学的安全制度文化与安全行为文化一样，在安全文化的空间结构中，同处中层位置，但它在时间上滞后于行为文化，因为它产生于人们的行为活动，是人们行为活动中有利于安全的成分被总结提炼的产物，它的作用是对人们的安全行为进行规范。安全制度文化是社会化大生产不可缺少的“软件”。它对社会组织和各类人员的行为具有规范、约束和影响的作用，所以有学者又把它叫做管理文化。安全制度文化的建设包括如下内容：

（1）建立法制观念、强化法制意识、端正法制态度。

（2）科学地制定法律法规、规章标准。

（3）严格的执法程序和自觉的执法行为等；同时，安全制度文化还包括行政手段的改善和合理化、经济手段的建立与强化等。

在精神层次上，安全观、安全哲学、和谐社会的构想和科学发展观等成为主导思想。科学的安全观念文化是指决策者和大众共同接受的符合客观规律的安全意识、安全理念、安全价值标准。安全观念文化是安全文化的核心和灵魂，是形成和发展安全物态文化，促进并提高安全行为文化和安全制度文化的内因。联系我国社会政治经济的大背景——计划经济的惯性与市场经济的不完善，全面小康的发展目标与重生产轻安全的现实，加入世界贸易组织（WTO）的承诺与面对问题的投鼠忌器——我们需要建立的安全文化观念是：以人为本、生命至上，安全第一、预防为主，安全就是效益，安全就是最大的内需，安全生产就是经济增长点，讲安全就是有人性的观点等；以及未雨绸缪的意识、自我保护意识、科学防范意识等。总之，要尊重国情，开展利于每个人的发展的积极的安全科研，并促进安全科研成果的应用；同时更多地借鉴世界各地的最佳安全科研成果，以造福广大劳动者。

安全投入是某种安全观念的行为表达，或者说是受某种安全观念所支配的行为选择。这一选择是对人的身心健康和安全需要的积极肯定和有益促进；安全投入在一定程度上也反映了安全文化在物质层次和制度层次的状况。因此，为了使安全投入有保障，除了创造物质条件外，还要建立切合实际，具有可操作性的制度，并将其约定为必须承担的社会责任。

安全投入是一种以公益为主的高层次的安全行为，是现代文明和安全制度文化的基本内容，是建设安全物质文化的保障，也是开展安全科研，应用安全科研成果的保障，而这一切都必须建立在正确的安全观念文化的基础之上，才有可能变为现实。

在我国，正确的安全观念被宪法表述为“加强劳动保护，改善劳动条件”。这样的表述不仅表明我国在安全方面的意识形态，同时也确定了我国在安全方面的社会制度。因此，我国有着安全投入最好的社会条件，它可以克服经济条件的局限，尽最大的努力确保劳动者的安全健康。

当前，我国实行的是社会主义市场经济，按照宪法规定，“国家依法禁止任何组织或者个人扰乱社会经济秩序”。这对不重视安全投入的人是一个警告，因为市场经济是法制经济，市场的每个参与者都应依法经营，如果市场参与者中有因安全投入不足达不到安全生产条件而参与竞争的，这种情形不单是违反了安全生产的法律法规，还违反了宪法，是一种应该禁止的“扰乱社会经济秩序”

的行为。鉴于我国目前仍是以公有制为主体经济制度，可以考虑建立多元化的安全投入机制，即国家、企业、社会，甚至个人有机结合的投入机制；但企业是安全投入的主体。中央和地方政府要支持困难企业的安全设备和技术改造，困难企业要有治理事故隐患的措施计划，并严格执行。社会团体和个人公益性投入也是重要的方式，同时要重视发展社会保障和商业保险事业，使安全投入的保障有多种方式和渠道。

第七节　安全管理，文化先行

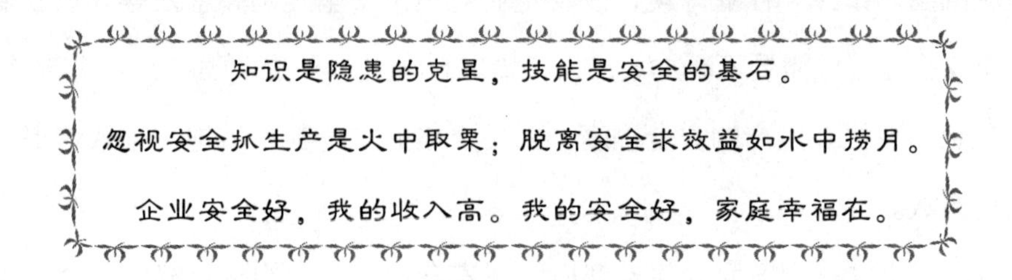

企业安全文化是企业文化的重要组成部分，集中体现了企业安全生产和管理工作中的特色价值观。

较早对安全文化作出的定义为“安全文化是存在于单位和个人中的种种素质和态度的总和”，随后对这个定义进行了修正，认为：“一个单位的安全文化是个人和集体的价值观、态度、能力和行为方式的综合产物，它决定于健康安全管理上的承诺、工作作风和精通程度。”总体来讲，企业安全文化是企业在长期安全生产经营活动中形成的，具有企业特色的安全思想和意识、安全管理机制以及安全行为规范，企业员工普遍遵循和认同的安全价值观等。

一、企业安全文化的主要内容

企业安全文化对不同行业都有着更为严格的要求和规范，在不断发展和进步的过程中，逐渐形成了各企业安全文化，它的主要内容包括以下两个方面：

第一，精神文化方面。包括企业及员工对安全生产及经营活动的安全的意识、信念、价值观、经营思想、道德规范、企业安全激励进取精神等安全的精神因素。企业安全文化建设，重点在人，要坚持以人为本，加强员工的安全认识，塑造员工的安全价值观，规范员工的安全行为准则。全面地、系统地、科学地培养和提高员工的安全文化素质，树立安全意识。

第二，物质文化方面。主要指企业从事生产经营活动中关乎员工身心安全与健康的物质条件和作业环境，以及企业对员工安全奖励和惩处等。企业要抓好安全文化建设，需要不断加大投入，依靠科学进步和技术改造，采用新设备、新工艺来不断提高生产的安全程度。采用严格的安全奖惩措施，有效地提升企业安全系数。

企业安全文化两方面的建设都离不开安全管理制度的建立健全。企业安全文化建设的主要任务就是不断完善各种规章制度，全方位加强安全管理。必须严格在相关法律法规的框架内，结合本企业实际生产经营状况，制定合法的适合本企业的安全生产管理规章制度。使安全意识和价值观切实地深入人心，深入企业的每个角落。

历史的经验和教训告诫我们，企业安全文化建设应该被提升到一个相当重要的位置，搞好安全管理工作至关重要。

1. 企业安全文化建设有利于提高企业员工的安全意识

企业安全文化可以说是企业员工共同认同和遵循的安全价值观。安全文化建设的基本要求是以人为本，这也是现代管理科学的根本原则。员工的思想问题、认识问题是企业搞好生产管理的先决条件，建设安全文化，强化员工的安全思维模式，有利于帮助员工建立正确的安全价值观。使员工在正确的安全思维模式下，把搞好企业安全生产管理工作当做企业和个人实现持续稳定发展的重要目标来对待。

2. 企业安全文化建设有利于企业更好地达到预期经营目标

企业要达成预期的经营目标和企业战略，必须按照现代管理科学的原则，采用优化的管理方法。健全的企业安全文化可以规范、约束企业全体员工的行为，以提高企业的生产安全和管理效益，实现企业的奋斗目标。同时企业安全文化有助于企业建立一整套针对思想教育、职工培训、安全生产、生活管理等的规章制度，使所有员工的工作行为有章可循，使考核、奖罚有据可依。良好的安全文化不仅能成为全体员工的行为准则，而且是激励员工前进的动力。

同时，安全管理涉及企业各个层面、各个领域、全部员工的管理，这就要求企业的所有部门、所有员工都为实现安全生产而协调一直运作，不能出现脱节，要做到这一点，只有安全文化才能使之具有共同的安全行为准则，使生产处于安全高效运行状态。由此可见，良好的安全文化氛围可以有效地加强组织内的沟通，提升组织的协调性。而团结协调对于企业实现经营目标起着根本性的推动作用。

3. 企业安全文化建设有利于提升公共安全程度

安全文化建设在企业安全生产工作中的重要地位，决定了安全文化建设工作的长期性和任务的艰巨性。把安全文化建设放在十分重要的位置，增强紧迫感和责任感，积极研究探索安全文化建设的新途径和新方法，把安全文化建设推向新阶段。

二、加强精神安全文化建设

抓安全重在抓落实，重在抓人的行为规范。在企业安全生产人、机、环境三要素中，人是最活跃的因素，同时是导致事故的主要因素，扮演着主导角色。因此，能否做到安全生产关键在人。能否有效地消除事故，取决于人的主观能动性，取决于人对安全工作的认识、价值取向和行为准则，取决于职工对安全问题的个人响应与情感认同。而安全文化建设的核心就是要坚持以人为本，全面培养、教育和提高人的安全文化素质，提高人对安全生产的认识，提高安全意识。

第一，强化安全教育和培训。安全教育和培训，能够促进员工的安全文化素质不断提高、安全风气不断优化、安全精神需求不断发展。通过安全教育，能够让员工形成正确的安全生产认识观念，改变员工对安全生产活动的态度，使员工的行为更加符合企业生产过程中的安全规范和要求。安全教育和培训是安全文化发展的动力。

第二，引导员工树立正确的安全价值观。安全文化的核心是“以人为本”，实现人的安全价值。任何企业在生产、经营、发展过程中，人都起着主导的决定作用，员工思想观念、道德准则、文化素质、生活信念等都会影响自己的工作态度、行为、习惯、责任。

三、加强物质安全文化建设

首先提高机器设备本质化安全程度。生产设备的本质安全是企业安全文化在物质方面的重要体现。本质安全是指生产设备、工艺过程以及作业环境的安全不是靠外部采取附加的安全装置和设施，而是靠自身的安全设计进行本质方面的改善，即使在产生故障或误操作的情况下，设备和系统仍能保证安全。尤其是那些特别危险的岗位和人的能力难以适应和控制的场所。因此，提高本质安全是保障安全的根本途径。

四、加强安全制度文化建设

安全制度建设和企业安全文化建设可以说是相辅相成、相互作用的。健全的安全制度可以促使安全文化的形成和提升，同样，安全文化又促使安全制度得到更好的维护和落实。

安全文化在人们生产活动中的重要体现是安全行为文化，而安全制度和安全规范是人们的行为准则。企业有了健全、完善、合理的安全制度和安全规范，员工生产行为就有了安全的活动范围，只要未超出这个安全范围，员工的生命和健康以及生产设备就是安全的。

建立科学、系统、适合本企业的安全管理规章制度，规范企业安全文化。

加强安全文化建设不能单纯停留在口号和表面上，不能说公司建立了安全文化，员工的安全素质就提高了，要巩固无形的企业安全价值观，必须寓无形于有形之中，把它渗透到企业的每一项规章制度、政策及工作规范、标准和要求当中，进行强势推动，使员工从事每一项活动，都能够感受到企业安全文化在其中的引导和控制作用。人的行为养成，一靠教育；二靠约束。约束就必须有标准、有制度，建立健全一整套安全管理制度和安全管理机制，是搞好企业安全生产的有效途径。首先要健全安全管理法规，让员工明白什么是对的，什么是错的，应该做什么，不应该做什么，违反规定应该受到什么样的惩罚，使安全管理有法可依，有据可查。对管理人员、操作人员，特别是关键岗位、特殊工种人员，要进行强制性的安全意识教育和安全技能培训，使员工真正懂得违章的危害及严重的后果，提高员工的安全意识和技术素质。只有让员工把那些约束行为的制度变成了自己的行动指南，从思想上接受企业倡导的安全价值理念，企业安全文化才有恒久的活力。

安全生产是企业永恒的主题，安全文化已成为企业文化的重要组成部分，并起着越来越重要的作用。企业安全文化是企业在安全生产的实践中，以从事安全管理、安全生产、安全宣传教育等形式，逐步形成的为全体员工所认同、共同遵守，带有本企业特点的价值观念、经营作风、管理准则、企业精神、职业观念和安全目标等的总和。推进安全文化建设，促进企业安全生产已成为当前全国上下各行各业的主要任务。

五、大胆创新安全文化理念

要形成全新的安全文化理念，使安全文化理念深入人心，应注重以下几个方面：一是树立以人为本的观念。坚持以人为本，打造安全文化是全面贯彻“安全第一、预防为主”方针的新举措，是企业保障员工人身安全与健康的新探索。以人为本的安全生产管理，就是指企业生产的过程中把员工的生命摆在一切工作的首位，贯穿“以人为本”、“珍惜生命”、“保护环境”的理念，真正做到维护员工的利益，以员工是否满意、是否得利、是否安康稳定为标准，形成社会效益、企业利益和个人权益的多赢局面，促进企业可持续发展。因此，企业抓安全生产首先要把员工的生命安全放在第一位，当员工人身安全与企业的生产、企业的经济利益等其他方面发生冲突时应无条件地服从人的生命。二是树立安全就是企业最大效益的观念。只有实现安全才能确保企业稳定的生产秩序，没有可靠的安全作为屏障，企业的生产、经营、改革、发展将无法正常进行。安全是生产的前提，安全事故带来的损失是巨大的。因此要深刻认识到安全生产是企业的最大效益。三是形成安全工作人人有责的观念。安全不仅是企业的重要工作，而且也是每个员工的事。企业对安全工作、对员工生命的关注不仅强调生命的物质存在的可贵，更应关注和关爱员工，不仅要保证员工的生命安全，更要对员工进行情感和精神的关怀，使员工获得精神上的慰藉和满足，为员工提供一个本质安全的环境。企业的每一个员工也要充分认识“安全为天、生命至上”的重要意义，要不断提高自身安全意识，实现自我管理，保障自身和他人的安全，实现家庭幸福与企业共同发展。

六、创建有效的安全文化机制

一个有效的安全文化机制，能够保证安全文化建设的顺利进行。因此应主要创建以下机制：一是创建安全学习机制。要使安全文化理念深入人心，必须有一个科学的学习机制，建立学习型组织。在安全学习和安全教育的途径上要多管齐下，强化效果。在安全学习和安全教育的形式及内容上要丰富多彩，推陈出新，使安全学习和安全教育具有知识性、趣味性，寓教于乐，让职工在参与活动中受到教育，在潜移默化中强化安全意识。要通过多种形式的学习和宣传教育，逐步形成“人人讲安全、事事讲安全、时时讲安全”的氛围，使广大职工逐步实现从“要我安全”到“我要安全”的思想跨越，进一步升华到“我会安全”的境界。二是创建安全管理机制。认真整合并完善各类安全管理规章制度增强科学性、严密性和可操作性，是搞好安全生产的前提，也是创建安全文化的前提。职能部门和科队要层层落实安全责任制，强化现场管理，确保各项规程措施、规章制度和安全生产落到实处，领导干部坚持现场跟班把好安全关，加大对安全生产的监督检查的力度，狠抓“三违”，保证安全生产。三是创建安全培训机制。要把安全培训工作纳入企业安全生产和企业发展的总体布局，统一规划，同步推进，以培训机构、师资力量和安全教材为重点，推进安全培训标准化建设，建立安全培训责任制，探索安全培训工作的新机制，把安全培训与技能培训结合起来，以安全培训为起点，提高职工队伍的整体文化素质，力求安全培训工作科学化、人性化、多元化，增进安全培训工作的实效性。

七、强化规范职工安全行为

规范职工的安全行为，培养职工良好的安全职业精神，是营造企业文化的重要举措。一是塑造职工良好的安全职业行为。职业文明是对职工最基本的要求，也是最高的安全规范。要以高尚的人格、优秀的职业道德、优秀的职业形象弘扬高尚的安全文化。二是规范职工的操作行为。在班前要向职工贯彻施工措施，提出具体的操作要求。要施工中要全面严格检查职工的操作行为，及时发展，及时整改，使职工养成良好的操作行为。三是开展深化班组危险预知活动，增强职工超前预防能力。班组安全预知活动是加强班组安全管理，推进企业安全文化的重要内容，也是规范职工安全待业的重要举措。搞好班组危险预知活动，真正使职工对当日当班的生产现场情况、安全工作重点及生产过程中可能威胁正常安全生产、造成事故的危险能够做到心中有数，了如指掌。四是开展安全竞赛活动。在竞赛活动中使职工养成精益求精的工作作风，不断创新的工作态度，争创一流的工作精神，展现职工良好的安全职业行为。能否做到安全生产关键在人。能否有效地消除事故，主要取决于人的主观能动性，人对安全工作的认识、价值取向和行为准则以及职工对安全问题的个人响应与情感认同。而安全文化建设的核心就是要坚持以人为本，全面培养、教育和提高人的安全文化素质，提高人对安全生产的认识，提高安全意识。

第五章 安全应用常识知多少？

每种安全标志都有不同含义，在生产工作中熟练掌握安全标志的应用，将会对增强安全意识起到促进作用。

安全生产责任状列举众多企业在安全管理上的实际操作，总结了安全生产责任状写作及实际应用要素。

安全生产应急预案体现了“预防为主”的安全思想，进一步完善安全管理，对于企业安全管理具有借鉴意义。

第一节　安全标志及释义

一、安全色与安全标志

1. 安全色

安全色是用来表达禁止、警告、指令和提示等安全信息含义的颜色。它的作用是使人们能够迅速发现和分辨安全标志，提醒人们注意安全，以防发生事故。按照国家《安全色》标准，公司使用红、黄、蓝、绿四种颜色为安全色。

（1）红色的含义是禁止和紧急停止。

（2）黄色的含义是警告和注意。

（3）蓝色的含义是必须遵守。

（4）绿色的含义是提示、安全状态和通行。

2. 对比色

能使安全色更加醒目的颜色，称为对比色或反衬色。

（1）红色与白色间隔条纹的含义是禁止越过，例如交通、公路上用的防护栏杆以及隔离墩常涂此色。

（2）黄色与黑色间隔条纹的含义是警告、危险，例如起重机吊钩的滑轮架、工矿企业内部的防护栏杆。

（3）蓝色与白色间隔条纹的含义是指示方向，例如交通指向导向标。

3. 安全标志

安全标志是由安全色、几何图形和形象的图形符号构成的，用以表达特定的安全信息，共分为禁止标志、警告标志、指令标志和指示标志。

（1）禁止标志：禁止标志的含义是禁止人们的不安全行为。

禁止安全标志系列

禁止吸烟

禁止烟火

禁止带火种

禁止戴手套

禁止明火作业

禁止放易燃物

禁止用水灭火

禁止启动

禁止合闸

运转时禁止加油

修理时禁止转动

禁止触摸

禁止穿带钉鞋

禁止抛物

禁止饮用

禁止架梯

禁止攀登

禁止吊篮乘人

禁止靠近

禁止入内

禁止跳下

禁止通行

禁止跨越

禁止停留

禁止放鞭炮

禁止混放

化纤
禁止穿化纤服装

禁止锁闭

禁止单扣吊装

禁止驶入

禁止堆放

禁止机动车通行

禁止酒后上岗

禁止停车

（2）警告标志：警告标志的含义是提醒人们对周围环境引起注意，避免可能发生的危险。

警告安全标志系列

（3）指令标志：指令标志的含义是强制人们必须做出某种动作或防范措施。

指令安全标志系列

（4）提示标志：提示标志的含义是向人们提供信息（指示目标方向、标明安全设施或场所）。

消防、提示安全标志系列

紧急疏散指示标志

电力安全标志宣传标语

交通安全标志系列

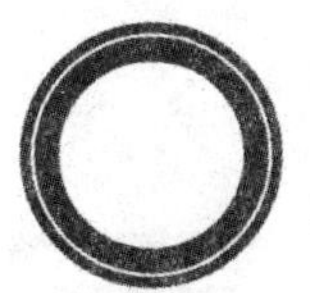
禁止通行

禁止驶入

禁止机动车通行

禁止载货汽车通行

禁止三轮机动车通行

禁止大型客车通行

禁止小型客车通行

禁止汽车拖、挂车通行

禁止拖拉机通行

禁止农用运输车通行

禁止两用摩托车通行

禁止某两种车通行

禁止非机动车通行

禁止畜力车通行

禁止人力货运三轮车通行

禁止人力客运三轮车通行

禁止骑自行车下坡

禁止骑自行车上坡

禁止人力车通行

禁止行人通行

禁止右转弯

禁止左转弯

禁止直行

禁止向左向右转弯

禁止直行和向左转弯

禁止直行和向右转弯

禁止掉头

禁止超车

解除禁止超车

禁止车辆临时或长时停放

禁止车辆长时停放

禁止鸣喇叭

限制宽度

限制高度

限制质量

限制轴重

限制速度

解除限制速度

停车检查

停车让行

会车让行

减速让车

交通安全标志系列

十字交叉

T形交叉

Y形交叉

环形交叉

向左急弯路

向右急弯路

反向弯路

连续弯路

上陡坡

下陡坡

两侧变窄

右侧变窄

左侧变窄

窄　桥

双向交通

注意行人

注意儿童

注意牲畜

注意信号灯

注意落石

注意横风

易　滑

堤坝路

傍山险路

村　庄

隧　道

路面不平

渡　口

施　工

注意非机动车

有人看守铁路道口

无人看守铁路道口

过水路面

事故易发路段

驼峰桥

慢　行

叉形符号

注意危险

左右绕行

左侧绕行

右侧绕行

（5）补充标志：补充标志是对前述四种标志的补充说明，以防误解。补充标志分为横写和竖写两种。横写的为长方形，写在标志的下方，可以和标志连在一起，也可以分开；竖写的写在标志杆上部。

补充标志的颜色：竖写的，均为白底黑字；横写的，用于禁止标志的用红底白字，用于警告标志的用白底黑字，用于指令标志的用蓝底白字。

二、常用安全术语

（1）“三违”指违章指挥、违章作业、违反纪律。

（2）“三宝”指安全帽、安全带、安全网。

（3）“四口”指通道口、楼梯口、电梯井口、预留洞口。

（4）站班会上的“三交”指交任务、交安全、交技术；“三查”指查衣着、查“三宝”、查精神状态。

（5）“三不伤害”指不伤害自己、不伤害别人、不被他人伤害。

（6）操作旋转机械设备的人员，工作服应“三紧”，即袖口紧、下摆紧、裤脚紧。

（7）季节性施工的“八防”指防雷电、防雨、防风、防洪排涝、防暑降温、防火、防滑、防煤气中毒。

（8）工伤事故处理的“四不放过”原则指事故原因分析不清不放过、事故责任者及群众没有受到教育不放过、没有防范措施不放过、事故责任者没有受到严肃处理不放过。

（9）班后防火“五不走”指交接班不交代清楚，不走；用火设备火源不熄灭，不走；用电设备不拉闸，不走；可燃物不清干净，不走；发现险情不报告不处理好，不走。

（10）问题整改“三原则”指定人、定时间、定项目。

安全检查“五落实”指整改内容落实、整改标准落实、整改措施落实、整改进度落实、整改责任人落实。

（11）建筑业“五大伤害”指高处坠落、触电事故、物体打击、机械伤害、坍塌事故。

（12）现场“五牌一图”。五牌指工程概况牌、管理人员名单及监督电话牌、消防保卫牌、安全生产牌、文明施工牌，一图指施工现场总平面图。

（13）安全生产系统“四要素”指人员、设备与环境、动力与能量、管理信息和资料。

（14）安全工作“五同时”指计划、布置、检查、考核、总结。

（15）“三级安全教育”：

1）公司级（项目部）：国家、地方、行业安全健康与环境保护法规、制度、标准；本企业安全工作特点；工程项目安全状况、安全防护知识、典型事故案例等。

2）工地级（施工队、专业公司）：本工地施工特点及状况；工种专业安全技术要求；专业工作区域内主要危险作业场所及有毒、有害作业场所的安全要求与环境卫生、文明施工要求。

3）班组级：本班组、工种安全施工特点、状况；施工范围所使用工、机具的性能和操作要领；作业环境危险源的控制措施及个人防护要求、文明施工要求。

第二节　安全生产责任状范本

一、安全生产责任状

为了进一步贯彻落实“安全第一，预防为主”的方针，全面落实各单位安全生产责任制，强化安全管理，有效遏制重、特大事故的发生，维护全厅系统正常的生产、工作和生活秩序，确保人民生命和国家财产的安全，根据国务院302号令和省政府关于建立安全生产责任制的要求，特与__________签订年度安全生产责任状。

（一）责任对象。

各单位的法人代表（行政第一负责人）是安全生产第一责任人，分管安全生产工作的领导是安全生产直接责任人，对本单位安全生产工作负全面责任。

（二）责任目标。

（1）认真贯彻执行党和国家关于安全生产的方针、政策、法律、法规和技术标准，制订本单位安全生产年度计划，并列为本单位的重要议事日程，每季度至少召开一次安全生产工作例会，研究解决安全生产中的重大问题；每季度至少组织一次全面及专项安全生产检查，并有检查记录凭证。

（2）加强组织领导，党政一把手要负总责。各分管厅长对分管单位的安全生产工作负责。各单位应当根据人事变动情况及时调整安全生产管理机构，确保工作不受影响。发生重特大事故的，根据国务院302号令的规定，严肃追究行政责任。

（3）建立自上而下的安全生产责任网络。层层签订安全生产责任状，责任落实到人，企业要逐级签至车间、班组；事业单位要签至处（科）室，年终严格进行考核、奖惩兑现。

（4）依照“谁检查、谁负责”、“谁的隐患谁整改”的原则，认真抓好各类事故隐患整改和各类危险源监控工作，遏制重特大事故的发生。要对本单位内的重、特大事故隐患进行普查、登记、建档，并及时进行整改，通过整改达到无隐患的目的。一时难以整改的，必须采取有效监控措施。隐患整改完毕后要有完整的报告。

（5）各单位要建立和完善安全生产管理机构、管理体系建设，队伍配齐、人员到位，必要的设施设备、工作经费配足。

（6）认真贯彻《安全生产法》并抓好宣传培训工作。扎实开展好“安全生产宣传周”、“11·9 消防安全宣传月”、“道路交通安全宣传周”、“安康杯”竞赛等一系列宣传教育活动，营造安全氛围，提高全民安全意识，并做好安全技能培训工作。新工人的三级安全教育率达 100%，特殊岗位人员（包括锅炉工、电工等）持证上岗率达 100%。

（7）按照“四不放过”的原则，严肃查处各类重大事故。对发生的事故要在国家规定的期限结案，结案率达 100%，重特大事故应按要求及时向上级主管部门写出书面报告。

（8）认真完成好省农业厅部署的安全生产方面的各项工作。

责任单位签字：

责任人签字：

年　月　日

二、安全生产承诺书

×××××产业园区管理处：

根据《中华人民共和国安全生产法》，本人作为企业（单位）的法定代表人（实际控制人）和安全生产的第一责任人，对本企业（单位）安全生产工作负全面责任。为认真贯彻落实国务院《关于进一步加强企业安全生产工作的通知》（国发〔2010〕23号）文件精神，本人保证：认真执行国家、省、市、区关于安全生产法律、法规、标准和政策要求，积极落实安全生产主体责任，努力做好本企业（单位）安全生产工作，减少和杜绝安全生产事故，并郑重承诺：

（一）依法建立安全生产管理机构，配备符合法定人数的安全生产管理人员，保证安全生产管理机构发挥职能作用，安全生产管理人员履行安全管理职责，使安全生产管理做到标准化、规范化、制度化。

（二）依据国家有关安全生产法律、法规、标准，建立健全安全生产责任制和各项规章制度、操作规程并严格落实到位。

（三）确保资金投入，按规定提取安全费用和缴纳安全生产风险抵押金，具备法律、法规、规章、国家标准和行业标准规定的安全生产条件。

（四）依法对从业人员特别是农民工进行安全生产教育和安全知识培训，做到按要求持证上岗。

（五）不违章指挥，不强令从业人员违章冒险作业。

（六）深入生产现场，定期检查安全生产，及时发现、上报和排除安全隐患。按省、市、区有关要求，主动上报安全生产信息，落实重大危险源监控责任，对重大危险源实施有效的监测、监控和整改。

（七）依法制定生产安全事故应急救援预案并定期组织演练，落实操作岗位应急措施。

（八）尊重从业人员依法享有的权益，告知从业人员作业场所和工作岗位存在的危险、危害因素、防范措施和事故应急措施。为从业人员提供符合国家标准或行业标准的劳动防护用品，并监督教育从业人员按照规则佩戴、使用。

（九）依法参加工伤社会保险，为从业人员缴纳保险费，按标准储存安全风险抵押金或缴纳安全生产责任险费用。

（十）自觉接受各级安全监管部门、监察机构的监督和监察，绝不弄虚作假。按要求上报生产安全事故，做好事故抢险救援，妥善处理对事故伤亡人员依法赔偿等事故善后工作。加速企业安全管理信息化建设工作。

（十一）履行法律法规规定的其他安全生产职责。

若违反上述承诺和未履行安全生产管理职责，法定代表人及单位自觉接受安全生产监督管理部门依法作出的处罚。

承诺企业（单位）盖章

法定代表人签字：

年　月　日

三、建筑工地安全生产责任状

为进一步贯彻“安全第一，预防为主”的方针，加强安全管理，确保工程施工生产的顺利进行及广大职工的家庭幸福，经双方协商，签订本安全责任书。

第一条：订立责任书双方：

甲方代表：

乙方代表：

第二条：甲乙双方要认真贯彻执行安全生产的政策法规，强化安全意识，通过健全规章，加强防范，完善项目管理，发扬敢管、敢抓、敢处分的“三敢精神”，实现安全生产目标。

第三条：安全生产责任书期限：

自进场施工至本工种工程完工为止。

第四条：甲方责任及义务：

（1）对安全生产工作进行整体布置，管理，负责开展日常的安全生产大检查，对发现的问题及薄弱环节，督促限期整改。

（2）负责开展文明施工现场、安全生产评比活动，百日安全生产、安全知识竞赛活动，及时总结交流，奖优罚劣。

（3）对乙方提出的安全生产方面的问题，甲方应及时答复或三天内处理、解决。

（4）负责对乙方做好施工前的安全技术交底工作及做好三级安全教育。

（5）向乙方及时传达上级、地方政府部门等关于安全生产的有关文件精神。

第五条：乙方责任及指标：

（1）杜绝重大伤亡事故（含设备事故），一般事故频率控制在1‰以内。

（2）设置一名兼职安全员，负责参与项目部的安全生产活动及主持本班组的安全生产工作，并及时建立安全台账。

（3）负责对新进场的职工进行第三级安全教育，并对班组内新老职工进行合理的搭配，对新职工起传、帮、带作用。

（4）班组人员应相对固定，不得随意招用社会闲散人员或不明身份者充入班组，无“三证”人员不得进入施工现场。

（5）需认真执行劳动保护条例，支出相应的工资额，为职工配备劳保用品，并随时关注班组内工人的身体及心理、思想动态。

（6）需认真开展好“三上岗、一讲评”安全活动，并对职工进行定期或不定期的安全教育工作。

（7）特殊工作必须由持有本专业有效证件人员操作。禁止擅自操作其他工种的一切设备（如接电、开机、拆架等）。

第六条　奖罚：

（1）班组或个人获得上级部门或集团公司安全生产奖励时，所得奖励全归班组或个人。

（2）对一般违犯操作规程行为的工人，将予以 20~100 元/次处罚。一个月内违规 3 次以上者予以辞退。

（3）对于特殊工种工人违犯操作规程，将予以 50~200 元/次处罚，3 次以上违规者予以辞退。

（4）施工班组应自觉做好“落手清工作”，及时清除建筑垃圾，若不听从施工人员指挥，处以 100~200 元/次处罚，若影响下一工序进行的，视情节轻重予以 200~1000 元/次处罚。

（5）施工人员必须戴安全帽上班，否则给予当事人 50 元/次罚款。

（6）物料提升机严禁乘人，乘坐者罚款 200 元，开机者同罚 200 元。

（7）严禁私自接线、乱拉电线、烧电炉等，若查到，给予当事人罚款 200 元。

（8）严禁施工现场随地大（小）便，随地大（小）便者罚款 50 元，并自行清理干净。

（9）高空作业，严禁向外、向下抛散杂物，故意抛散者，每人每次罚款 200 元，若发生安全事故，当事人负全部责任。

（10）不准擅自拆除脚手架、防护栏杆、竹篱板、安全网等，需拆必须经过施工技术负责人同意，如有擅拆者，给予当事人罚款 100 元。

（11）爱护现场公共安全设施（消防器材、卫生器具、标识牌等），若有损坏，照价赔偿，故意损坏的，除赔偿损失外，并处 50~500 元罚款。

(12) 保护建筑产品（成品）人人有责，不得故意损坏，若有发现，除赔偿损失外，并处 100~1000 元罚款，严重者清退出场，并追究其相应责任。

(13) 要遵纪守法，如有发现偷窃工地公物者，予以加倍处罚（以偷窃实物价值的 2~5 倍罚款），数额较大或情节严重者移交公安机关处理。

第七条：本责任书一式两份，甲乙双方各一份，双方代表签字生效，至班组完工结算清并全部退场止。

甲方代表：

乙方代表：

年 月 日

四、产品质量责任状

为了认真贯彻落实《质量手册》、《饮料厂的卫生规范》、《产品质量标准》等有关文件和制度，有效防止产品质量事故的发生，保障生产出合格的产品，保证产品质量，维护公司的荣誉，现根据公司领导指示精神和××分公司实际情况，××分公司与品控部品控员之间签订产品质量责任状。

(一) 生产前要认真监督并检查生产车间的环境卫生情况，生产前必须要求生产部门严格做好相应的卫生清洗工作，品控员将认真监督好各生产车间的环境卫生，做到无尘、无污染，严把产品生产前的质量关，杜绝非工作人员进行作业，禁止违规操作，如有不到位则立即出具《内部联络单》给相关班组或相关人员。

(二) 生产刚开始时认真要求员工做到首件检验，并在正常生产过程中，品控部品控员不定期地检查员工的自检行为是否到位，如有不到位的则立即出具相应的《内部联络单》给相关生产班长，由生产班长负责处理。

（三）要在生产过程中注意各岗位的员工是否按照本岗位操作规范进行操作，禁止违规操作。如发现有员工没有按照操作规范进行操作的，则立即出具《内部联络单》给相关生产班长，由生产班长负责处理。品控员负责监督处理是否到位。

（四）在生产过程中，品控部要定期与不定期对相关生产环节进行抽查。

（五）监督好员工的个人卫生是否做到位，是否定时或按规定进行洗手消毒，工作时员工是否穿戴清洁的工作衣。

（六）培养员工的自检行为，要求员工做到食品生产的检验中自检、品控员做到他检、员工之间的互检等行为。

（七）从业人员出现咳嗽、呕吐等病症的应立即责任其停止工作，请人顶替，治愈后方可重新上岗。

（八）严格按照《纠正预防措施控制程序》做好相应的纠正预防工作。

（九）对生产过程中出现的不合格、异常品要严格按照《不合格、异常品控制程序》进行处理，其责任由有关部门或领导裁定。

（十）对违反相关规定的行为将严格按照相关制度进行考核，品控员将上报有关领导追究相应责任。

（十一）未尽事宜，将提请总公司主管领导，及公司领导裁决。

（十二）此责任状一式三份（厂长一份，品控员本人一份，品控部办公室备案一份）。

××××分公司品控部负责人签字：

××××分公司负责人签字：

××××分公司品控部品控员签字：

年　月　日

第三节　安全生产应急预案参考

在制定应急预案前首先应对企业生产现状进行危险辨识与风险评价。危险因素是指能够对人造成伤亡或对物造成损失的因素。有害因素是指能够影响人的身体健康，导致疾病或对物造成损害的因素。通常两者不做严格区分。危险有害因素的辨识，是企业编制应急救援预案的前提和基础。通过辨识确认危害的存在及其特性，找出引发事故后果的材料、系统、过程和特征，评估可能发生的事故后果。

一、危险有害因素分类

（一）按导致事故原因进行分类：

（1）物理性危害因素（设备缺陷、电危害、噪声、振动、电磁辐射、明火、高温、抛物线、粉尘、作业环境等）。

（2）化学性危害因素（易燃易爆物品，自燃、有毒、腐蚀品）。

（3）生物性危害因素（致病微生物、防害动物、致害植物、传染病）。

（4）生理、心理性危害因素（心理异常、健康异常、负荷超限、功能缺陷、禁异作业）。

（5）行为性危害因素（指挥、操作、监护错误）。

（6）其他危险有害因素。

（二）按引起事故的诱导性、致害物、伤害方式进行分类：

（1）物体打击。

（2）车辆伤害。

（3）机械伤害。

（4）起重伤害。

（5）触电。

（6）淹溺。

（7）灼烫。

（8）火灾。

（9）高处坠落。

（10）坍塌。

（11）冒顶。

（12）透水。

（13）爆破。

（14）爆炸（锅炉、瓦斯、容器、危化品）。

（15）中毒。

（16）其他。

二、风险评价

（一）企业基本情况：

（1）厂址、地质、地形、气象条件、周围环境、建筑总平面布局、功能区分、道路、危险有害物质设施、动力设备分布情况。

（2）生产工艺过程：高温、高压、腐蚀、振动等关键部位，控制、操作、检修和故障，失误时的异常情况；电气设备，高处作业设备，特种单体设备，压力容器情况。

（3）作业环境：毒物、噪声、振动、高温、低温、辐射、粉尘及其他有害因素和作业部位情况。

（4）企业安全管理组织机构、安全生产管理制度，安全操作规程，特种作业人员培训，日常安全管理情况。

(二) 危险化学品泄漏扩散后果分析：

（1）了解主要泄漏设备及泄漏情况。

（2）分析造成泄漏的原因。如：设计原因，设备原因，管理原因，人为失误。

（3）分析预产生的后果。如：可燃气体泄漏，有毒气体泄漏，液体泄漏，泄漏后的扩散及范围。

(三) 危险化学品火灾后果：

（1）燃烧财产，建筑损失。

（2）爆炸。

（3）死、伤人。

（4）气体中毒。

三、脆弱性分析

脆弱性分析是要确定一旦发生危险事故，则企业哪些地方会受到破坏。

（1）受事故灾害严重影响的工艺和设备及重大危险源。

（2）预计位于脆弱带中的人口数量和类型。主要有居民区、学校、医院、办公楼、商场等。

（3）可能遭受的财产破坏。主要有基础设施、变配电站、建筑物。

（4）可能造成的环境影响。企业所在地理条件、气象条件、四周环境等。

四、应急资源分析和应急能力评估

（1）应急资源主要指城市应急救援的力量，如公安、部队、消防、医疗救护、劳动、环保、安监、救援专家，水、电、气、热管理部门及通信、车辆装备设施和企业应配备的必需设备和物资以及个人防护设备，监测、检测设备，应急电力设备，重型起重设备等。

（2）应急能力评估主要用于评估资源的准备状况和从事应急活动所具备的能力，确保应急救援的有效性，提高企业应急水平。企业应急评估可与应急资源准备情况结合起来。

五、应急预案编制

编制应急预案必须考虑企业的现状和需求，在事故风险分析的结果上，大量收集和参阅已有的应急资料，以尽可能地减少工作环节。完整的应急预案应包括以下六项内容：

（一）方针与原则：

无论是何级何类的应急救援体系，首先必须有明确的方针与原则，作为开展应急工作的纲领。方针与原则反映应急救援工作的优先方向、政策、范围和总体目标，应急的策划和准备、应急策略的制定和现场应急救援及恢复，都应围绕方针和原则开展。

应急救援工作是在预防为主的前提下，贯彻统一指挥，分级负责区域为主，单位自救和社会救援相结合的原则。应急救援也是预防事故的重要组成部分，主动落实好救援工作的各项准备措施，做好预先有备，一旦发生事故就能及时实施补救，最大限度地减少人员伤亡和财产损失。

（二）应急策划：

应急预案最重要的特点是针对性和可操作性。因此，应急策划必须明确预案的对象和可用的应急资源情况，深刻分析评价潜在事故类型及其性质、区域、分布、事故后果。根据分析评价的结果，评估企业中应急救援的力量和资源情况，为应急准备提供建设性意见。应急策划时，还应列出国家、地方相关的法律法规，作为制定预案的依据。因此，应急策划包括危险分析，应急能力、评估和法律法规三个要素。

(三) 应急准备：

应急准备是应急策划的结果，要明确所需要应急组织及其职责权限，应急队伍建设和人员培训，应急物资的准备、预案的演习、公众应急知识培训和签订必要的互助协议等。

(四) 应急响应：

企业应急响应能力的体现，是在应急救援过程中的核心功能和任务。这些核心功能具有一定的独立性、关联性，构成应急响应的整体，共同完成应急救援的目的。应急响应的核心和任务包括：接警与通知、指挥与控制、警报与紧急公告、通信、事态监测与评估、警戒与治安、人群疏散与安置、医疗与卫生、公共关系、应急人员安全、消防和抢险、泄漏物控制等。

(五) 应急现场恢复：

现场恢复是事故发生后期的处理，包括泄漏物的污染处理、伤员救助、保险索赔、死者抚恤、生产程序恢复等一系列问题。

(六) 预案管理与评审改进：

在事故后或污染后，对预案不适宜的部分进行不断的修改和完善，适应企业应急工作的需要。

总之，编写应急预案，应成立编制小组，对企业工艺、设备、作业场所环境、危化品、防护品、医疗救护条件、消防与治安等多方面进行危害辨识与风险评估，充分考虑各种应急救援的人力、物力、财力和社会应急处置的能力，确定方针目标和编写计划，明确工作职责，工作任务，不断地提高和改进应急预案的时效性、适应性、实用性。

六、突发事件的应急预案措施

（一）物体打击事故救援预案：

一旦出现物体打击事故，施工现场负责人要积极组织人员进行抢救，拨打120急救车抢救伤员，并向救援领导报告。

救援领导接到报告后立即组织人力、物力、车辆赶赴现场指挥抢救，并向上级领导、有关部门报告。

对伤员实行抢救：需要做人工呼吸的做人工呼吸，不需要做人工呼吸立即用车辆送往附近医院对伤员进行抢救。

保护好事故现场，以便对事故调查提供可靠证据。所涉人员不得擅自离开单位，随时积极配合事故调查，提供事实证据。

（二）触电事故应急救援预案：

一旦发生触电事故，施工现场负责人要积极组织有关人员指挥抢救：切断有效电源；在来不及切断有效电源的情况下，要用绝缘物品将人、电拨离分开；采取有效措施抢救伤员，轻者直接搭车送往附近医院，重者及时做人工呼吸，或挤压配合人工呼吸抢救，醒来后即刻送往附近医院。

及时向单位领导、应急救援领导报告。单位领导应急救援组长接到报告，立即组织人力、物力（担架、铺垫）、车辆、财力赶往事故现场，组织指挥紧急抢救，向120求救或直接将伤员送往附近医院并及时向上级有关部门领导报告。

保护好事故现场，所涉人员不得擅自离开单位，随时积极配合事故调查，提供事实证据。

（三）伤害应急预案：

一旦出现火情，专职巡视人员或者现场负责人及时组织现场人员启用现场灭火器材，将火灾消灭在萌芽状态，以免酿成大火，实行有效自救，并及时向有关领导援救小组报告。

清点人数，保护现场，所涉及人员不得擅自离开单位，随时积极配合事故调查，提供事故原因的真实证据。

单位领导、应急援救组长接到报告后，立即组织人力、物力（担架、铺垫、车辆）、财力赶往事故现场，组织指挥紧急抢救，向120求救或直接将伤员送往附近医院，并及时向上级有关部门领导报告。

参 考 文 献

［1］祁有红：《安全精细化管理》，北京：新华出版社，2009 年版

［2］祁有红：《第一管理：企业安全生产的无上法则》，北京：北京出版社，2009 年版

［3］王凯全：《安全管理学》，北京：化学工业出版社，2011 年版

［4］温德诚：《精细化管理实践手册》，北京：新华出版社，2009 年版

［5］汪元辉：《安全系统工程/安全工程管理丛书》，天津：天津大学出版社，1999 年版

［6］聂兴信：《企业安全生产管理指导手册》，北京：工人出版社，2010 年版

［7］邵辉：《安全心理与行为管理》，北京：化学工业出版社，2011 年版

［8］华安波瑞达：《安全生产管理制度精选》，北京：中国环境科学出版社，2010 年版

［9］栗镇宇：《工艺安全管理与事故预防》，北京：中国石化出版社，2007 年版

［10］陈浩：《生命高于一切》，北京：中国华侨出版社，2012 年版

［11］王贵生：《安全生产事故案例分析》，北京：中国电力出版社，2012 年版

［12］聂兴信：《企业安全生产管理指导手册》，北京：工人出版社，2010 年版

［13］孟超：《安全生产事故案例分析（2011 版）》，北京：中国劳动社会保

障出版社，2011 年版

［14］翟校义：《安全生产监督管理体系研究》，北京：中国社会出版社，2009 年版

［15］姜威、刘军鄂：《安全生产监察实务》，北京：化学工业出版社，2010 年版

［16］李运华：《安全生产事故隐患排查实用手册》，北京：化学工业出版社，2012 年版

［17］文博：《新编安全生产规范化管理制度精选》，北京：中国纺织出版社，2009 年版

［18］方伟群：《酒店安全生产管理实务》，北京：中国旅游出版社，2008 年版

［19］崔国璋：《安全管理/安全生产技术丛书》，北京：中国电力出版社，2004 年版

［20］王新泉：《安全生产标准化教程》，北京：机械工业出版社，2011 年版